崔钟雷 主编

知识出版社

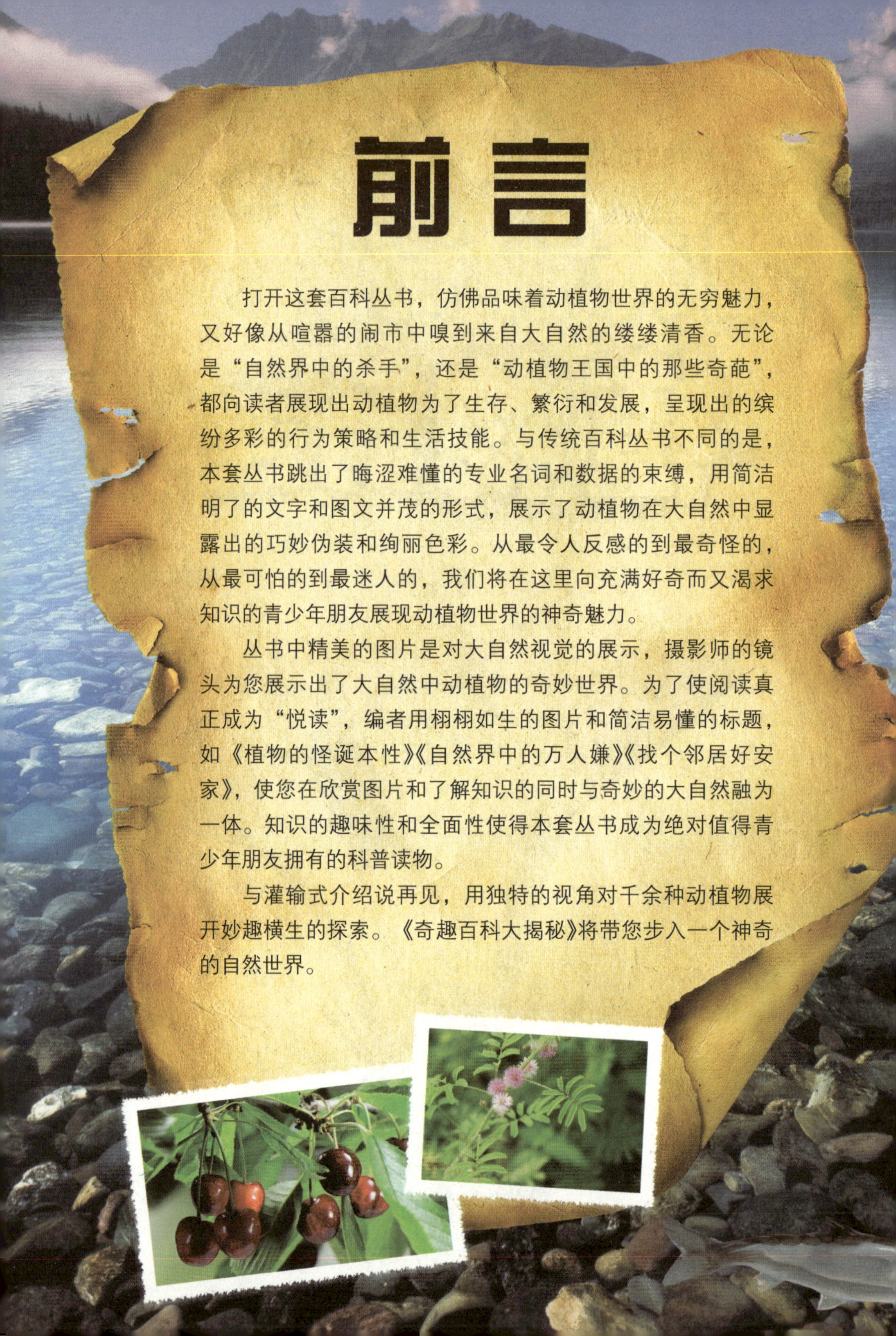

前言

打开这套百科丛书，仿佛品味着动植物世界的无穷魅力，又好像从喧嚣的闹市中嗅到来自大自然的缕缕清香。无论是“自然界中的杀手”，还是“动植物王国中的那些奇葩”，都向读者展现出动植物为了生存、繁衍和发展，呈现出的缤纷多彩的行为策略和生活技能。与传统百科丛书不同的是，本套丛书跳出了晦涩难懂的专业名词和数据的束缚，用简洁明了的文字和图文并茂的形式，展示了动植物在大自然中显露出的巧妙伪装和绚丽色彩。从最令人反感的到最奇怪的，从最可怕的到最迷人的，我们将在这里向充满好奇而又渴求知识的青少年朋友展现动植物世界的神奇魅力。

丛书中精美的图片是对大自然视觉的展示，摄影师的镜头为您展示出了大自然中动植物的奇妙世界。为了使阅读真正成为“悦读”，编者用栩栩如生的图片和简洁易懂的标题，如《植物的怪诞本性》《自然界中的万人嫌》《找个邻居好安家》，使您在欣赏图片和了解知识的同时与奇妙的大自然融为一体。知识的趣味性和全面性使得本套丛书成为绝对值得青少年朋友拥有的科普读物。

与灌输式介绍说再见，用独特的视角对千余种动植物展开妙趣横生的探索。《奇趣百科大揭秘》将带您步入一个神奇的自然世界。

目录

CONTENTS

第一章 植物世界的冠军

第二章 身怀绝技的植物

目录
CONTENTS

奇趣百科大揭秘

QIQU BAIKE DAJIEMI

第一章

植物世界的冠军

最孤单的植物——独叶草

只有一朵花，仅有一片叶，独叶草可谓是植物世界里最孤单的植物了。独叶草是一种多年生草本植物，高10厘米，茎叶无毛。其根状茎细长，有分枝，且长有很多不定根。独叶草一般只开一朵淡绿色的花，只生一片有5个裂片的近圆形的叶子。处于地上部分的是高约10厘米的淡绿色花梗，而处于地下部分的则是细长分枝的根状茎，茎上长有许多鳞片和不定根，叶和花的长柄就着生在根状茎的节上。

智多星训练营

独叶草是中国云南、四川、陕西和甘肃等省特有的小草。它生长在海拔2 750~3 975米的高山原始森林中。其生长环境寒冷、潮湿，林木荫蔽，土壤偏酸性。

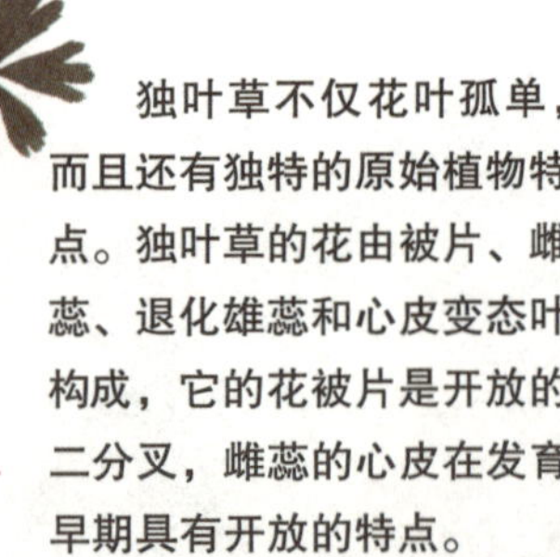

独叶草不仅花叶孤单，而且还有独特的原始植物特点。独叶草的花由被片、雌蕊、退化雄蕊和心皮变态叶构成，它的花被片是开放的二分叉，雌蕊的心皮在发育早期具有开放的特点。

独叶草的生存状态

独叶草生长于森林底层，光照相对较弱，空气和土壤的湿度都很大。由于该物种生长于荫蔽、潮湿的环境中，种子大多不能成熟，主要依靠根状茎繁殖，所以它的自然更新能力相对较差。加之人为破坏森林植被和大量采挖独叶草，使其植株数量骤减，自然分布范围日益缩减。

自然档案馆

纲：双子叶植物纲

目：毛茛目

科：毛茛科

最顽强的植物——地衣

地衣可称得上是世界上最顽强的植物。在真空条件下放置6年还能维持生命，在-273℃～200℃的温度范围内它都能生存。因此无论是冰天雪地的极地，还是在干旱荒芜的沙漠，它都可以生长。

为什么地衣的生命力能如此顽强呢？植物学家研究发现，地衣并不是一种单一的植物，而是由真菌和藻类共生的植物。真菌具有很强的吸收水分和无机物的能力，藻类中含有能进行光合作用的叶绿素；真菌吸收无机物和空气中的二氧化碳，藻类则用这些物质在阳光下进行光合作用，制造自身生长所需的养料，并与真菌共享。二者紧密合作，才使地衣具有了如此顽强的生命力。

地衣的家族

人们根据地衣的外部形态，把地衣分成三类：壳状地衣、叶状地衣和枝状地衣。地衣的体内除了纵横交错的无色真菌丝，由藻类细胞组成的中间藻层以外，还有从下层伸出成束的假根，它没有真正的根、茎、叶等器官。

智多星训练营

地衣能忍受长期干旱的气候，它在干旱时处于休眠状态，雨后又重新生长，因此，地衣可以生长在峭壁、岩石、树干或沙漠地带。地衣耐寒性很强，因此，在其他植物不能生存的高山带、冻土带和南北极，地衣却能存活，在那里形成一望无际的地衣群落。

最粗的植物——百骑大栗树

百骑大栗树又被称为“百马树”，生长在地中海西西里岛的埃特纳火山的山坡上。它的树干直径达17.5米，周长有55米。它不仅是世界上最粗的树木，也是植物界中最粗的植物。

关于百骑大栗树名字的由来，还有一段有趣的传说。相传古代阿拉伯国王的王后亚妮，有一次带领百骑人马到埃特纳火山附近游玩，忽然天降大雨，百骑人马连忙跑到大栗树下避雨。巨大浓密的树冠如天然华盖，给百骑人马遮住了大雨。因此，王后高兴地称它为”百骑大栗树”。

自然档案馆

纲：双子叶植物纲

目：山毛榉目

科：山毛榉科

“百骑大栗树”的称呼

“百骑大栗树”的正式名称叫欧洲栗，又称甜栗，是欧洲的乡土树种，非洲北部和亚洲西部也有分布。它的坚果可食，木材优良，可做建筑、家具的用材。

智多星训练营

百骑大栗树生长在海拔3 340米的火山附近，频繁的火山活动所带来的灾难没能阻止生命的进程。相反，大量火山灰使山坡上和山脚下土质肥沃、草木葱茏。尤其是山脚下一棵陪伴着这座喜怒无常的火山度过了上千个春秋的百骑大栗树。它不但没有被一次次的火山喷发所吞没，相反却充满了勃勃生机，令络绎不绝的观光者称奇不已。

对地震最敏感的植物——含羞草

大地震发生前，除了动物会出现异常现象之外，植物也会表现出不同于平常的状态。

含羞草就是这样一种植物，它对地震颇为敏感。当用手触及含羞草的叶子后，它便自行合拢，若震动大可使刺激传至全叶，总叶柄也会下垂，甚至可能传递到旁边的叶子，使其叶柄下垂。这是含羞草对环境的一种适应，因为它的原产地在热带，那里多狂风暴雨，当雨水滴落于小叶或当暴风吹来时，它会有所感应，立即把叶子闭合，保护自己柔弱的叶片免受暴风雨的摧残，植物学上把这种有趣的现象叫作感震运动。

含羞草的价值：

含羞草原产自热带美洲，现在我国华东、华南、西南等地都有分布。含羞草可以入药，有安神镇静、止血收敛、散淤止痛等功效；含羞草株形优美，花多而清秀，极具观赏价值；种子能榨油。另外，含羞草还可用来预测灾害性的天气变化。

含羞草的叶子具有相当长的叶柄，叶柄的前端分出四根羽轴，每一根羽轴上生着两排椭圆形的小羽片，总柄很长，基部膨大成叶枕。叶为羽状，复叶互生，呈掌状排列，边缘及叶脉有刺毛。

智多星训练营

含羞草又名喝呼草、知羞草，为半灌木状草本。含羞草多成簇生长，茎基部木质化，高可达1米，耐寒性较差，原产美洲热带地区。含羞草花期为每年的7~10月。含羞草喜温暖湿润的气候，对土壤要求不严，喜光但又能耐半阴，故可做室内盆花。它的花、叶和荚果均具有较好的观赏效果，适于在阳台、室内和庭院等处种植。

自然档案馆

纲：双子叶植物纲

目：蔷薇目

科：豆科

感觉最灵敏的植物——毛毡苔

世界上感觉最灵敏的植物非毛毡苔莫属。有人把一段长11毫米的细头发丝放在毛毡苔的叶子上，叶子马上卷曲起来把头发围住。还有人把0.000003毫克的碳酸铵（一种含氮的肥料）滴在毛毡苔的茸毛上，也会立刻被它发觉。

毛毡苔也叫日露草，在热带和温带地区生长，其中澳洲种类最多。它是一种食虫植物，叶子像圆盘一样平铺在地面上，像个莲花座，叶片上长有紫红色的腺毛，能分泌香甜的黏液来诱惑贪吃的小昆虫，昆虫一碰到黏液就会被粘住，既而成为毛毡苔的美食。

毛毡苔的外部形态

毛毡苔亦称圆叶茅膏菜，喜欢生长在水边湿地或湿草甸中，茅膏菜属植物颜色多样，其叶面密被分泌黏液的腺毛；花白色或带红色，为总状花序；为多年生柔弱小草本，高6～25厘米；根球形；茎直立、纤细，单一或上部分枝。

自然档案馆

纲：双子叶植物纲

目：石竹目

科：茅膏菜科

智多星训练营

经过人类多年的研究，毛毡苔也可以利用种子进行人工种植了。首先在温室或温床内播种，撒播；出芽后用泥炭土进行分植。也可用扦插繁殖，用根扦插；切成小段，每段长1寸，平放在泥炭土中，保持温暖湿润的外部环境，根即可出芽。

最能储水的草本植物——巨柱仙人掌

巨柱仙人掌是美国与墨西哥交界处索诺兰沙漠的灵魂植物，也是世界上最高的仙人掌。在所有仙人掌中，墨西哥沙漠中的巨柱仙人掌的储水能力最强。巨柱仙人掌像一根分叉的六七层楼高的大柱子，粗得一个人无法合抱。有超过1吨的水储存在它那巨大的身躯里，当地过路人常常用这种仙人掌里储存的水来解渴。巨柱仙人掌是世界上最能储水的草本植物。

自然档案馆

纲：双子叶植物纲

目：石竹目

科：仙人掌科

墨西哥的长寿明星

巨柱仙人掌高达十几米，重达几吨，最多可活两百多年。年轻的巨柱仙人掌一柱冲天，到了75岁便长出胳膊似的分枝，岁数越大分枝越多。美国和墨西哥两国政府都很重视对它的保护，不许任何人随意砍伐或移植。

智多星训练营

为了适应干旱的沙漠环境，巨柱仙人掌的叶子已经退化成针刺，这样可以减少水分的蒸发。它有着又深又广的根系，稍有一点儿雨水，就会被它大量吸收。它的茎生得很厚，因此能贮存大量的水分，形成一个天然的小水库。这就是巨柱仙人掌能大量贮水的秘密。

巨柱仙人掌的生长环境

巨柱仙人掌生长在干旱的沙漠中，那里的气候干燥炎热，降水很少，降雨量一般在25毫米以下，有的地方甚至整年不下一滴雨。

最耐盐碱土壤的植物——盐角草

世界上最耐盐碱的植物是盐角草。它能够在含盐量高达0.5%~6.5%浓度的潮湿盐沼中生长，具有极强的生存能力，广泛生长于我国西北和华北的盐碱土壤中。盐角草是无叶的肉质植物，茎部表面薄而光滑，气孔清晰可见。植物体内含水量高达92%，并含有大量的灰质，而这些灰质是工业上的可用原料。

盐角草的形态特征

盐角草为一年生低矮草本，高3~10厘米，植株常呈红色或绿色。茎直立，自基部分枝，直伸或上升，小枝肉质，叶肉质多汁，近圆球形，长2~3毫米，灰绿色，基部下延，成叶鞘状，仅在顶部呈近圆球形突起。穗状花序，长1~2.5厘米，直径3~4毫米，互生于近圆球形突起的苞叶叶片中，每苞叶聚生3朵花，花基部稍联合；雄蕊1~2枚，长过花被，子房卵形，两侧略扁，种子卵圆形或圆形，种皮黄褐色，密生乳头状小突起。花果期7~9月。

盐角草的价值

盐角草的植株蛋白质组成良好，可作为生物工程的重要植物之一，广泛用于盐碱地的综合改良。盐角草种子脂类含量高，有望开发成油料作物。

智多星训练营

一般来说，土壤里含盐量的多少是制约植物生长的重要因素。当土壤含盐量在0.5%以下时，可以种普通作物；含盐量为0.5%~1%，则只有棉花、苜蓿、番茄、西瓜、甜菜等耐盐性强的作物才能生长。若土壤中含盐量超过1%，则只有少数耐盐性特别强的野生植物才能生存。

自然档案馆

纲：双子叶植物纲

目：石竹目

科：藜科

最小的有花植物——无根萍

无根萍是浮萍的一种，可以说是世界上最小的有花植物。因为它绽放的花朵只有针尖般大小。

无根萍的构造简单，没有根、茎、叶的分别，其外观呈椭圆形，内部充满小气室，主要由薄壁细胞组成。由于植物体过于微小，所以连某些残存的输导组织也退化了。无根萍是水生植物，繁殖能力很强，每1平方米的水面，可以容纳100万个无根萍的个体，而且它们还会继续繁殖。无根萍主要靠水流来散播族群，此外，它还能靠黏在青蛙背上或水鸟脚部，被带到遥远的地方繁衍生息。

自然档案馆

门：被子植物门

纲：单子叶植物纲

科：浮萍科

无根萍的繁殖

无根萍的繁殖方式是无性生殖，即在叶状体一端的芽囊里直接长出另一个新的叶状体，新的叶状体长大后就脱离母体而独立生长，然后自身又能再生出一个更新的叶状体，如此不断循环，繁衍后代。

智多星训练营

目前，人们正在研究无根萍植物体内淀粉的合成过程。这种淀粉是一种很有价值的资源，很可能在未来成为代替大米和小麦的粮食。此外，无根萍这种形如细沙的水生植物也是饲养鱼苗的良好饲料。

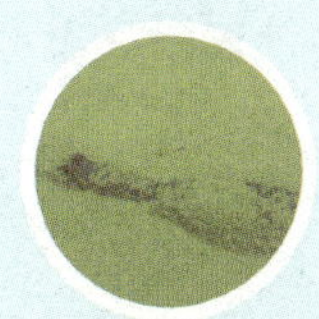
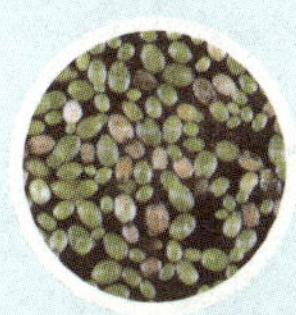

无根萍的营养体退化成微小颗粒状的叶状体，为种子植物中最小的植物之一。它们中最小的一种体长0.4~0.9毫米，小到可以穿过针孔。

寿命最长的叶子——百岁兰叶

百岁兰一生中除子叶外，仅有两片叶子，茎短且粗，高为10~20厘米，但是它的叶子总长却达4米。百岁兰的叶子初生时柔软，后来慢慢变硬，最终长成皮革状。这种生长方式能适应干旱的沙漠环境，能有效地防止叶片上的水分蒸发。它的两片叶子长出后，就永不再另长新叶，它们与整棵植株一起生存一百多年，而不是像落叶植物那样春发芽秋落叶，所以百岁兰叶可称得上是寿命最长的叶子。

自然档案馆

纲：买麻藤纲

目：买麻藤目

科：百岁兰科

百岁兰的发现

百岁兰是奥地利植物学家Friedrich Welwitsch在1860年于安哥拉南部纳米比沙漠中发现的植物。它们生长于条件非常恶劣的环境中，年纪较大的百岁兰年龄估计在1 500~2 000岁，据推测雾气是它们吸收的水分的主要来源。

智多星训练营

百岁兰叶子死亡时，会从尖端慢慢枯萎，随后叶肉腐烂，最后剩下的木质部分纤维盘卷弯曲，再加上短粗的茎，看起来非常奇特。

百岁兰分布于非洲西南部，生长在气候炎热和极为干旱的多石沙漠和沿海岸的沙漠地带。

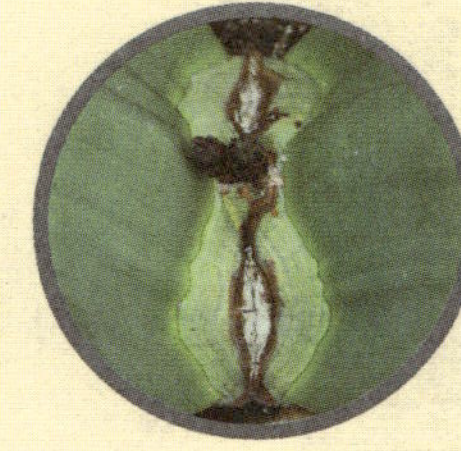

百岁兰雌雄异株，雌株有大的雌球果，雄株有雄花，每一雄花有6个雄蕊，靠风传递花粉。

百岁兰的树干短矮而粗壮，呈倒圆锥状，高很少超过50厘米，具有粗壮、深达地下水位的主根。

含糖最多的树——糖槭树

世界上能产糖的树有六七种，其中产糖量最高的树是糖槭树。

糖槭树是多年生的落叶大乔木，高可达30~40米，原产于北美洲，是世界三大糖料木本植物之一。糖槭树在生长期聚集淀粉，在春天将淀粉转化成糖，含糖的树汁会在树体内流动6~8个星期，促进树的生长。用糖槭树液熬出的糖浆香甜如蜜，俗称枫糖。枫糖的主要成分是蔗糖，还包括葡萄糖和果糖。枫糖的营养价值很高，可与蜜糖相媲美。

自然档案馆

纲：双子叶植物纲

目：无患子目

科：槭树科

糖槭树为高大乔木，树高达24米，冠幅可达16米。幼树直立生长，随着树龄的增长，树冠逐渐伸展为圆形。

糖槭树的叶片呈掌状，长约13厘米，宽略大于长，3枚最大的裂片具少数突出的齿，基部为心形，上面为中绿至暗绿色，下面脉腋上有毛，秋季变为黄色至橙色或红色。花为黄绿色，无花瓣，下端垂于细长柄上，春季随幼叶开放，呈开放型花序。

智多星训练营

枫糖浆可按颜色、透明度和口味分成三个等级，有浓厚的糖槭树原味的为最高等级，最适合直接吃；口味稍差点的为第二等级，颜色是琥珀色；颜色较深的为第三等级，适合做食品添加剂。枫糖热量比蔗糖、果糖、玉米糖等都低，但所含钙、镁和有机酸成分却比其他糖类高很多，枫糖浆中钙含量更是高达10%，与牛奶中的钙含量相当。

糖槭树的叶片较大，叶柄细长，使得叶片极易摇曳，稍有轻风，树叶便会摇曳不定，互相摩擦，发出“哗啦哗啦”的响声，给人以“迎风招展”的印象。

糖槭树又叫枫树，是加拿大的国树，加拿大人民对枫叶有着深厚的感情，把枫叶作为国徽的图案，国旗正中也绘有一片红色枫叶。

糖槭树还有一定的药效，根可以祛风止痛，用于风湿性关节痛；叶可以祛风除湿、行气止痛，可治肠炎、痢疾、胃痛等肠胃疾病。

产枫糖的主要枫树树种是糖槭树、银枫树和红枫树，前两种产糖最多。糖槭树木材可以用作建筑材料、乐器材料和雕塑材料等。

观赏价值

糖槭树喜光、耐寒、耐干旱，适应性强。可在中国北至辽宁南部，南至江苏、安徽、湖北北部区域内生长。秋季叶片色彩艳丽，树冠浓密，适合在面积较大的庭园或开阔地域内作为观赏树种植。

贮水本领最大的树——纺锤树

在干旱的时候，人们往往砍棵纺锤树作为饮用水的来源。因为纺锤树的树茎内可贮存两吨多的水，所以在缺水的地区，纺锤树被居民们视若珍宝。纺锤树因而被称为世界上贮水本领最大的树。雨季时，它吸收大量水分并贮存起来，到旱季时来供应自身的水分消耗。

自然档案馆

纲：双子叶植物纲

目：锦葵目

科：木棉科

智多星训练营

到了雨季，在纺锤树高高的树顶上生出稀疏的枝条和心脏形的叶片，好像一个大萝卜。雨季一过，旱季来临，绿叶纷纷凋零，红花却纷纷开放。这时，一棵棵纺锤树又成了插有红花的特大花瓶，所以人们又称它瓶子树。

外部形态

纺锤树多生长在南美洲的草原上，这种树的树干可达18~20米高，树干两头细中间粗，最粗的地方直径达5米，与火车通行的隧道差不多宽。纺锤树的上端枝条很少，叶片也不多，远远望去很像一个个巨型的纺锤插在地里。

地球最北边的植物——北极柳

地球的最北端是世界上气温最低的地区之一，那里终年被积雪覆盖，鲜有人类的足迹。即使如此，那里也有生命的踪迹。在厚厚冰层覆盖的北冰洋下，有大量鱼儿在游动着；在冰面积雪上，生活着可爱的北极熊。就连一种名叫北极柳的绿色植物也在这里安家了。极地柳也叫北极柳、爬地柳。为了抵抗北极地区的强风和严寒，北极柳适应环境的本领很强。

外部形态

北极柳的个子很矮，只有30～60厘米高。它们伏在地面上生长，只要轻轻一提就会把它们连根拔起。它们在40~70天的时间里完成发芽、开花和结果，一般植物在春天开花，而北极柳只在气温稍高的夏季6月中旬以后才能开出黄色的花。

自然档案馆

纲：双子叶植物纲

目：杨柳目

科：杨柳科

智多星训练营

北极柳的花序生于小枝上部，细圆柱形，长2~3厘米；雌花序果期伸长，花序梗具小叶片和茸毛；苞片为长椭圆形，棕褐色，内面有长茸毛；1个腺体，腹生，全缘或两浅裂（雄花）；雄蕊两个，花丝离生，无毛；子房呈长圆锥形，被短茸毛，花柱长约1毫米，柱头两深裂。蒴果长5~6毫米，棕褐色，微有毛。花期6~7月，果期8月。

耐寒的南北极植物

与北极柳南北相望的地衣，也是极耐寒的植物。它生活在地球的最南端，南纬86°左右的地方。

北极柳的叶子较长，呈倒卵形、椭圆形或卵圆形，长2~3厘米，宽1~2厘米，先端钝，基部阔楔形，上面绿色，下面较淡，边缘平整。幼叶微有茸毛，后沿叶下面中脉有疏长毛或无毛；叶柄长5~10毫米，较粗，基部扩展，上面有沟槽，被疏茸毛。

生长最快的植物——竹子

竹子可称得上是生长最快的植物，一般需要20多天即可长成，而且从出土到长至7~8厘米只需35分钟。

竹子对水分的要求高于对气温和土壤的要求，它生长既要有充足的水分，又要排水良好。散生竹类的适应性强于丛生竹类。由于散生竹类基本上是春季出笋，入冬前新竹已充分木质化，所以对干旱和寒冷等不良气候条件有较强的适应能力，对土壤的要求也较低。

我国是竹子的原产地，也是世界上产竹最多的国家之一。我国的竹子以珠江流域和长江流域的数量最多，秦岭地区仅有少数矮小竹类生长。

竹子是常绿（少数竹种在旱季落叶）浅根性植物，对水热的条件要求高，而且非常敏感，地球表面的水热分布决定着竹子的地理分布。

智多星训练营

毛竹的生长过程可谓自然界的一大奇观。该竹在生长期前5年丝毫不长，到了第6年雨季到来的时候，它竟以每天1.8米的速度向上生长15天左右，最后大约可以长到27米高，并成为竹林中的身高冠军。而且更为奇特的是，在它生长的那段日子里，处在它周围10米内的其他植物便停止了生长，等到它的生长期结束后，这些植物才重新生长。

竹笋是优良的保健蔬菜

竹笋中含有丰富的蛋白质、氨基酸、脂肪、糖类、钙、磷、铁、胡萝卜素、多种维生素。维生素和胡萝卜素含量比白菜高一倍多，而且竹笋的蛋白质含量比较高。此外，人体必需的赖氨酸、色氨酸、苏氨酸、苯丙氨酸，以及在蛋白质代谢过程中占有重要地位的谷氨酸和有维持蛋白质构型作用的胱氨酸，在竹笋中都能找得到，所以竹笋为优良的保健蔬菜。

关于竹的典故：

(1) 青梅竹马　青梅：青的梅子。竹马：小孩当马骑的竹竿。比喻男女儿童在一起玩耍，天真无邪的感情。出自唐·李白《长干行》诗：“郎骑竹马来，绕床弄青梅。同居长干里，两小无嫌猜。”

(2) 势如破竹　形势如劈竹子一样，劈开上端之后，下面就随着刀刃分开了。形容节节胜利，毫无阻挡。也形容不可阻挡的气势。出自《晋书·杜预传》：“兵威已振，譬如破竹，数节之后，迎刃而解。”

(3) 竹林七贤　魏晋年间七个文人名士的总称。《魏氏春秋》中嵇康与陈留阮籍、河内山涛、河南向秀、籍兄子咸琅邪王戎、沛人刘伶相与友善，游于竹林，号称七贤。

自然档案馆

纲：单子叶植物纲

目：禾本目

科：禾本科

第二章

身怀绝技的植物

不长叶子的树——光棍树

在非洲的东部和南部，生长着一种奇异有趣的树。无论春夏秋冬，它总是光秃秃的，全树上下看不到一片绿叶，只有许多绿色的长条状肉质枝条。根据它的奇特形态，人们给它起了个十分形象的名字“光棍树”。光棍树高2~6米，树干直径10~25厘米，原产于东非和南非。由于那里的气候炎热、干旱缺雨，为适应环境，光棍树的叶子经过长期的进化已经逐渐消失了。

光棍树的基本形态

光棍树的枝条碧绿、光滑、有光泽，所以人们又称它为绿玉树或绿珊瑚。它的枝条是肉质的，具有白色汁液。光棍树的白色汁液有剧毒，千万不可让它进入人的口、耳、眼、鼻或伤口中。但这种有毒的汁液却能抵抗病毒和害虫的侵袭，从而起到保护树体的作用。据分析，汁液里含有极多的碳氢化合物。在国外，光棍树被认为是最有希望提炼出石油的植物。

智多星训练营

光棍树虽然没有绿叶，但它的枝条里含有大量的叶绿素，能够代替叶子进行光合作用，制造出供植物生长的养分，使光棍树得以生存。不过，若是将光棍树种植在温暖潮湿的地方，它不仅会很容易地繁殖生长，而且还可能长出一些小叶片。生长出的这些小叶片，可以增加水分的蒸发量，从而保持光棍树体内的水分平衡。

生命短暂的昙花

人们常常把出现不久就很快消失的事物比喻成“昙花一现”。事实上，这也与昙花的生长状态相一致。昙花只在夜晚才开花，而且只开放三四个小时。

昙花属于仙人掌类，它原产于美洲热带沙漠地区。那里的气候干旱炎热，到了晚上才凉快一些。因此昙花选择在晚上开花，以避开阳光的暴晒，同时，昙花开花时间很短，可以减少水分的流失。

昙花适宜生长在富含腐质、排水好的沙质土壤中，喜温暖湿润和多雾及半阴的环境，不宜暴晒，不耐寒。

昙花原产于墨西哥、危地马拉、洪都拉斯、尼加拉瓜和苏里南等地，因其风姿绰约、不失优雅而观赏价值极高，现全球均有栽培。

昙花的主茎呈圆筒形，木质。分枝呈扁平叶状，多具两棱，边缘具波状圆齿，刺坐生于圆齿缺刻处。幼枝有毛状刺，老枝无刺。

“昙花一现”

昙花开放时，花筒慢慢翘起，将紫色的“外衣”徐徐打开，然后由20多片花瓣组成的、多为白色的大花朵相继开放。三四个小时后，花冠闭合，花朵随即凋谢，真可谓“昙花一现”！

怎么样能让昙花在白天开放呢?

昙花多在夜晚开放，要想使其白天开放，须要进行一些人工的处理，在花蕾膨大时，白天将它放在暗室内或用黑布、黑色塑薄膜做成遮光罩罩住，不让其见光。下午8点到次日上午6点则用灯光照射。经这样“昼夜颠倒”生活7~8天后，昙花便会在上午8~9点开放。

自然档案馆

纲：双子叶植物纲

目：石竹目

科：仙人掌科

昙花的雌蕊细尖，雄蕊细长，雄蕊的数量较多；花柱白色，比雄蕊长，柱头呈线状，16~18裂。

昙花的药效

昙花具有软便去毒、清热平喘的功效，主治大肠热证、便秘便血、肺炎、痰中有血丝、哮喘等病症。

智多星训练营

昙花枝叶翠绿，花色繁多，每逢夏秋夜深人静时，便展现其美姿秀色。此时，室内花香四溢。昙花盆栽适于点缀客室、阳台和接待厅。在南方可地栽，若满展于架，花开时令，犹如大片飞雪，甚为壮观。

沉睡千年的古莲子

1952年，科学家在位于辽宁省南部的普兰店东郊发现了古莲子，并用科学手段推测出它已经在地下埋藏了一千年以上，但它没有腐烂，也没有变成化石，甚至没有死。为什么古莲子会这么长寿呢？

原因是古莲子内有一个小气室，贮存着0.2毫克的氧气、二氧化碳，虽然数量少，但对维持古莲子的生命有决定性的意义。再加上古莲子的含水量极小，只有12%。此外，保存古莲子的泥炭层里温度较低，吸水防潮性能良好，上面又有很厚的泥土覆盖。在这种干燥、低温、封闭的环境中，古莲子不具备生根发芽的条件，悠闲自得地过着休眠生活，新陈代谢几乎停止，却能够保持生命活力。

我国的古莲子

在我国沈阳、北京、河北三河等地也曾找到许多已有1 000~2 000年的古莲子，经过科学家们的精心培植，也都开出绚丽的花朵。

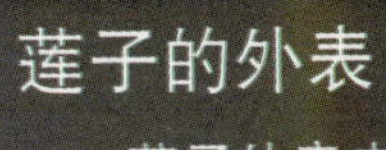

莲子的外表

莲子外表皮由坚硬的栅栏状细胞构成，细胞壁由纤维素组成，可防止水分和空气的内渗和外泄；加之被埋在温度低、湿度小、少微生物干扰的泥炭土中，千年后仍能萌芽、生根、开花。

智多星训练营

当莲子脱落后会掉在淤泥里，经过时间的流逝和地球的变迁，淤泥层会变成泥炭层。这种泥炭层跟普通的土层不同，它温度很低，吸水防潮。在这样的环境下，不适合种子发芽。所以如果没有人发现，也许古莲子还会再睡上一万年。

无根之草——金鱼草

在清幽的池塘里，翠绿的金鱼草随风左摇右摆，漂浮在水中，尽管这样，它却始终没有离开原地。金鱼草没有根，为什么它漂浮过后还没有离开原地呢？

金鱼草是沉水性植物。如果把陆地上生长的植物放进水中，它就会漂浮在水面上。而在水里生长的植物，比如莲花、荷花等都扎根在水底。金鱼草则不同，它沉于水下，悬在水中，我们把这样的植物叫沉水植物。

自然档案馆

纲：双子叶植物纲

目：唇形目

科：玄参科

智多星训练营

在仲夏时节，金鱼草会开出浅粉色的小花，点缀在绿色的水面上，就好像素雅的裙摆铺开在草地上。如果偶尔有大鱼经过，金鱼草就会随着水波左右摇摆。有时候，船只驶过之后，会掀起绿色的旋涡，金鱼草也跟着转几个圈，但之后又会很快地回到自己原来的位置上。

大力士——王莲

王莲为热带著名水生园林观赏植物，它具有世界上水生植物中最大的叶片，叶片有很大的浮力，最多可承受六七十公斤重的物体而不下沉，这种惊人的承载力令其他水生植物望尘莫及，它可以承受一个小孩的体重而不下沉，宛如乘一只圆形的小船，优哉游哉，十分有趣。

王莲直径可达3米以上，叶面光滑，叶缘上卷，犹如一只只浮在水面上的翠绿色大玉盘。因其叶脉与一般植物的叶脉结构不同，呈肋条状，似伞架，所以具有很大的浮力。

自然档案馆

纲：双子叶植物纲

目：睡莲目

科：睡莲科

百变女神

王莲的花也是非常大的。夏秋季节的傍晚，花葶伸出水面，开出白色的花，花的直径可以达到20~30厘米。到了第二天清晨，花苞就闭合了，到了傍晚会再次开放。这次开出的花是淡红色的。而到了第三天上午，花瓣会变成红色，并沉入水中去了，因此，它被称为百变女神。

智多星训练营

王莲为典型的热带植物，喜高温高湿的环境，耐寒力极差，气温下降到20℃时，则生长停滞。气温下降到14℃左右时王莲将有冷害发生，气温下降到8℃左右，王莲将受寒死亡。广州、南宁较暖年份，王莲可在露地越冬，一般年份需要有保温设施方可越冬；北回归线以北的广大地区，即使在较暖年份也不能在露地越冬，只能在特制的温室内越冬。

不惧狂风的干枝梅

在寸草不生的山岩间，有树枝孤独地迎风而立，上面开满了粉红色的小花，这种植物的名字叫干枝梅。顾名思义，它是在干树枝上开出的梅花。可树枝都干了，怎么还能开出花呢？

其实这与它的生长环境有关。因为干枝梅的生长环境恶劣，因此就要想方设法适应环境生存下去。这种看上去干枯的枝干，可以减少营养消耗和水分的吸收。在寒冷的内蒙古、新疆、西伯利亚地区，有时候温度会降到零下42℃，还伴有狂风，几乎所有的植物都难以抵抗这样的严寒，但干枝梅却可以迎风绽放花朵。

自然档案馆

纲：双子叶植物纲

目：蔷薇目

科：蔷薇科

智多星训练营

清雅秀丽的干枝梅，在气候越干旱、土壤越贫瘠的地方就会生长得越旺盛，因此，它的生长，也意味着草原在退化。干枝梅四季花开不败，刚开的时候花为紫色和粉红色，慢慢变成白色。因为它是名贵的中药，能补血、止血，所以，人们叫它二色补血草。

天然的灭蝇花

干枝梅的气味能诱引苍蝇飞入，然后它会释放出一种物质，把苍蝇杀死，所以是天然的灭蝇花。

干枝梅的生长环境

干枝梅原产于西伯利亚和蒙古高原，主要生长在海拔500~2 000米的海滨碱滩、荒漠草地、沙丘、草原及山地上，也偶尔见于旱化的草甸群落中。干枝梅喜光照强的环境，特别耐瘠薄、干旱，适合生长在沙质土、沙砾土、轻度盐碱土壤上，是旱化的草甸群落中的优势植物。

树木巨人—巨杉

巨杉，是所有树中树干最粗大的一种。位于内华达山的红杉国家公园中的巨杉——“谢尔曼将军”至少已有3 200年的树龄，它不仅是最大的红杉，而且也是地球上尚存活着的最庞大的生物。

由于巨杉的寿命比较长，人们也称它是世界爷。巨杉主要分布于美国加利福尼亚州内华达山脉西部，平均可长到50~85米高，直径5~7米。记录中树高最高可达100米，直径最大可达8.85米。年龄最大的巨杉可达到3 200岁，在我国江苏南翔曾发现过两株高龄巨杉。

自然档案馆

纲：松杉纲

目：松杉目

科：杉科

巨杉的树皮深纵裂，厚30~60厘米，呈少绫质；叶子为鳞状钻形，呈螺旋状排列，下部贴生小枝。

巨杉的两个近亲

在这个世界上，巨杉还有两个近亲。一个离得很近，另一个离得很远。近的就是西邻不远的海岸红杉，它生长在濒临太平洋海岸的多雾地带；离得很远的就是中国著名的水杉，1941年才在湖北省恩施土家苗族自治州利川市被发现，之后又在四川省和湖南省相继被发现，被认为是已经绝迹的活化石而轰动了植物学界，因此已被列为中国一级保护植物。

智多星训练营

在美国克拉马斯有一棵巨杉名叫“大教堂树”，从同一根系长出了9棵新树，围成一圈，就像一座大教堂，加利福尼亚人喜欢在此地举行婚礼。“大教堂树”的新树枝能从树桩上重新长出，当伐木工人用树干给自己筑小木屋时，所用的原木会长出幼苗，于是经常要修剪房屋，好像修剪树篱一样。

杉树树干的纹理顺直、耐腐防虫，被广泛用于建筑、桥梁、电线杆、造船、家具和工艺制品等方面。

杉树皮可以净化海水。当海上运油船只发生原油泄漏事件时，可以用杉树皮进行清理，省时省力、效果好。

杉树是一种喜温喜湿、怕风怕旱的树种，适宜生活在土层深厚疏松，肥沃湿润的山脚、谷地、阴坡地带。

切忌修剪杉树，因为杉树是节节高的直生乔木，它的枝条是自下而上交替新陈代谢、自然脱落的，修剪会阻碍杉树生长。

树中谋士——三角叶杨

蚜虫总爱在三角叶杨的叶子上觅食，这让三角叶杨觉得很苦恼，看着自己的叶子被蚕食，三角叶杨既“心疼”又“着急”。虽然自己身体内有一种毒素能让蚜虫毒发身亡，可狡猾的蚜虫很快就对毒液有了抵抗力，而且能识别哪片叶子有毒，哪片叶子没毒。聪明的三角叶杨很快就有了一个办法，它把全身的毒素调集到一起，集中到一部分枝叶上，而其他的叶子则充当诱敌的工具。当蚜虫前来觅食的时候，会先确定哪些是无毒的枝叶，便爬上去觅食，而被蚜虫选中的叶子不一会儿就会从枝条上飘落下来，过几天会变得干枯，蚜虫也会因为没有食物而饿死。而毒素集中的叶片，也足以让蚜虫一命呜呼。这样一来，蚜虫就很难继续生存了。

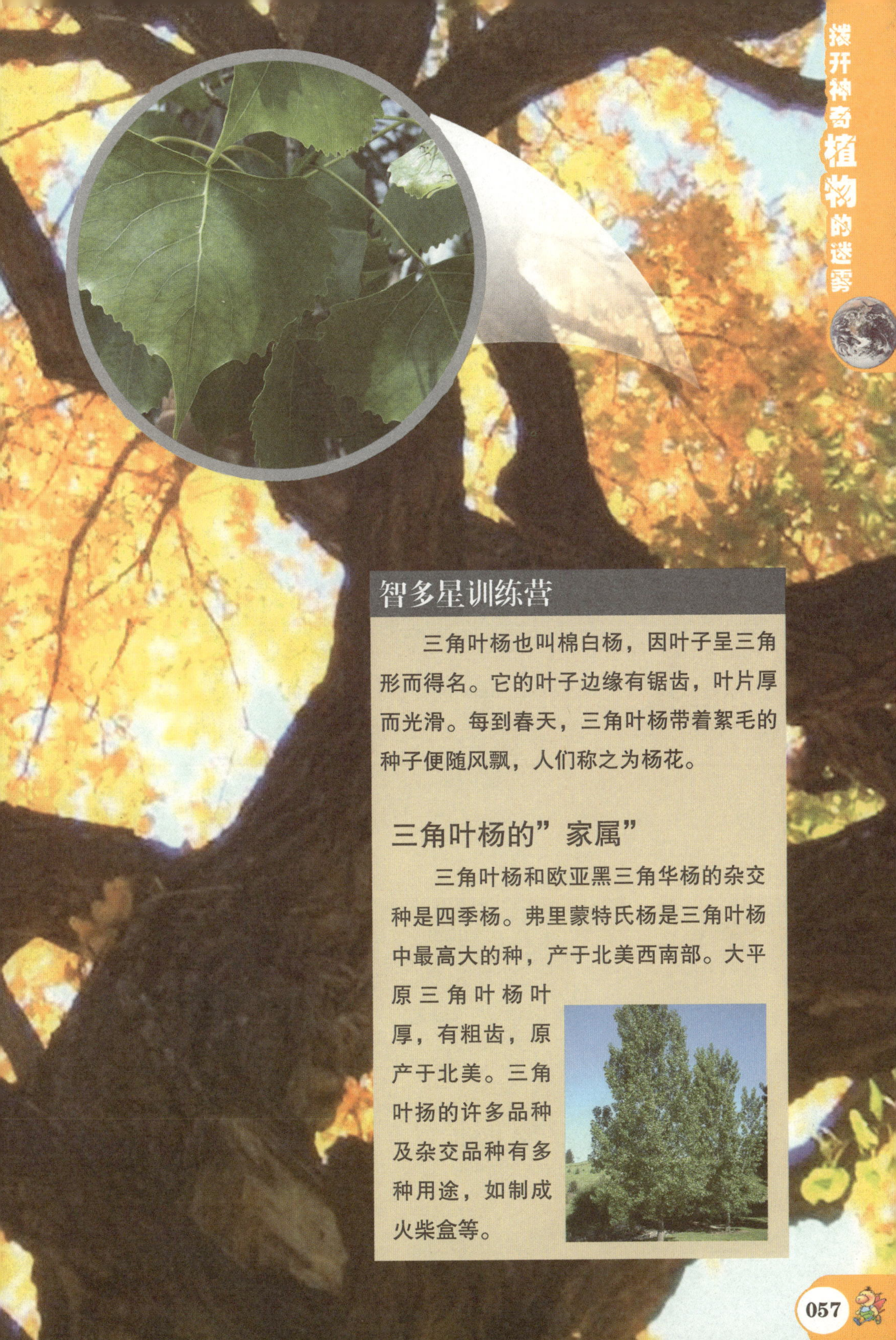

智多星训练营

三角叶杨也叫棉白杨，因叶子呈三角形而得名。它的叶子边缘有锯齿，叶片厚而光滑。每到春天，三角叶杨带着絮毛的种子便随风飘，人们称之为杨花。

三角叶杨的"家属"

三角叶杨和欧亚黑三角华杨的杂交种是四季杨。弗里蒙特氏杨是三角叶杨中最高大的种，产于北美西南部。大平原三角叶杨叶厚，有粗齿，原产于北美。三角叶扬的许多品种及杂交品种有多种用途，如制成火柴盒等。

蚕豆叶的热情挽留

蚕豆主要的害虫就是蚕豆象。因为在蚕豆生长的季节里，蚕豆象总会偷溜进豆荚里偷吃正在成长的蚕豆。

当蚕豆象顺着蚕豆的主干一路向上爬，爬到叶柄处，然后穿过宽大的蚕豆叶时，就会受到“热情的挽留”。叶面上那些淡黄色的钩状毛会牢牢地把蚕豆象缠住，蚕豆象越挣脱就越被缠得紧。蚕豆叶的钩毛没有毒，但仍然能把蚕豆象困死。这种钩毛就是专门为蚕豆宝宝筑造的坚实防护墙。

自然档案馆

纲：双子叶植物纲

目：豆目

科：豆科

外部形态

蚕豆为越年或一年生草本植物，高30~180厘米。茎直立，不分枝，无毛。其叶片椭圆形或长形，长4~8厘米，宽2.5~4厘米，先端圆形或钝，具细尖，基部楔形，全缘。

智多星训练营

蚕豆叶在医学上有极其广泛的用途，它有止血的功能。取鲜蚕豆叶捣烂挤汁，每次服20 毫升，每日两次，能治疗肺结核咯血，有迅速止血的功效；对消化道出血也有较好疗效。此外，蚕豆叶粉与檵木粉混合外用，有止血消炎的功效，可应用于外伤小出血。

紫杉的报复

紫杉散发的香气吸引了毛毛虫的到来，毛毛虫不声不响地爬上树，吃嫩一些的树叶，吸树叶的汁，也许这样能够让自己快点变成美丽的蝴蝶。不久，毛毛虫就开始蜕皮了，整个外皮被蜕下去，露出了粉红的身体。也许，它很快就能生出翅膀可以飞翔了。可是令它失望的是，它并没有长出翅膀，而是长出了一层新的皮，就这样老皮蜕去，新皮长出，反反复复。到最后，小毛毛虫还是没有变成蝴蝶，这是为什么呢？

因为在紫杉的汁液里有一种毒素，叫蜕皮毒素。这种毒素不仅能让害虫早早蜕皮，永远长不大，而且还能破坏害虫的生育器官，令它们不能繁殖。

自然档案馆

纲：松柏纲

目：红豆杉目

科：红豆杉科

紫杉的生长环境

紫杉的生物学特性对生态环境要求比较高，一般成树要生长100~250年。其枝叶茂盛，萌发力强，耐低寒，能耐－25℃的低温，在全国大部分地区可以栽种。紫杉生长快，年生长实测40～50厘米，最高可达60～70厘米。

智多星训练营

紫杉也叫东北红豆杉，属浅根植物，其主根不明显、侧根发达，是世界上公认的濒临灭绝的天然珍稀抗癌植物，是第四纪冰川遗留下来的古老树种，在地球上已有250万年的历史。由于在自然条件下野生紫杉生长速度缓慢，再生能力差，所以很长时间以来，世界范围内还没有形成大规模的紫杉原料林基地。中国已将其列为一级珍稀濒危保护植物，联合国也明令禁止采伐紫杉，对其实行大范围保护。

紫杉多生长在北半球。我国大部分地区均有紫杉的分布，东北紫杉主要分布在吉林省长白山和黑龙江一带，辽宁东部山区也有少量分布。

紫杉亦分布在朝鲜半岛、日本北部及俄罗斯西伯利亚东部。

眼镜蛇草的变装

说到眼镜蛇，人们就会想到这种剧毒的爬行动物欲发起进攻时的凶猛姿态。说来也真奇怪，在不产眼镜蛇的美国西北部沿海地区，竟然有一种被称为眼镜蛇草的植物，这种植物不仅外形酷似眼镜蛇从草丛中挺起的上身，而且也是以捕食小动物为生的“职业杀手”。

走在美国加利福尼亚州北部山底沼泽附近，经常可以看到一簇簇这种伪装成眼镜蛇的草，它还有个名字叫瓶子草。称它为眼镜蛇草是因为它的花上长着一个兜帽状的附属物，酷似蛇的头，而它的花瓣从兜帽下伸出来，就像蛇吐出的信。

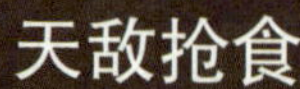

天敌抢食

每一株眼镜蛇草都有几个至十几个瓶状叶，看上去好像一群高低错落的、挺起上身的眼镜蛇。但这种外表凶猛的植物，却不堪大一些的动物的袭击，有些鸟类甚至专门把它的瓶状叶啄破，取食其中未被完全分解的小虫尸体，或喝上几口美味的“肉汤”。

智多星训练营

眼镜蛇草是一种靠瓶状捕虫叶捕食小虫的食肉植物。瓶状捕虫叶犹如眼镜蛇吐出的“信子”，“蛇信”上分布着许多蜜腺，而且越靠近“蛇头”，蜜汁越丰富。当小虫受到蜜汁的诱惑，爬到“蛇信”上后，再往前进就到了“蛇头”下蜜腺最多的口部。在这里叶子卷成了圆筒状，小虫沿着卷筒的通道不断深入，最终被诱进了瓶内。此时，馋嘴的小虫如同进入了迷宫，想出去可就不那么容易了。

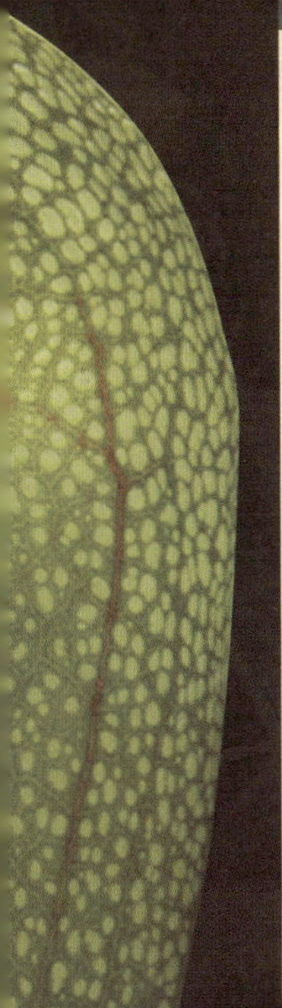

格格布包裹的布纹球

布纹球外表看起来就像商店里卖的稻草娃娃，它的身体就像包着格格布的大球，顶上能够开出绿色的小花。

布纹球又名晃玉、奥贝莎，原产于南非。其植株为小球形，直径8~12厘米。布纹球表面具有8条棱，排列整齐，表皮布满灰绿色、红褐色纵横交错的条纹，顶部条纹较密。布纹球的球形身体是一种肉质茎，可用来储水，适应干旱的环境。

在大戟属种类中，球形植物很少。布纹球是球形最标准的物种之一，更难得的是它的花纹清晰明丽，使其更具魅力。

布纹球是雌雄异株植物，而且雌雄株比例失调(雄株少得多)，栽培中得到种子的可能性很小。

布纹球的雌株球体较扁，雄株茎圆筒形，均为单生，绝不自生仔球。球体顶部棱缘开花，花极小，为黄绿色。

布纹球的亲属

布纹球的同属中还有一种植物叫作贵青玉，产于南非，呈球状，多单生，但也可从基部长出仔球。贵青玉具胡萝卜状的肉质根，球体呈灰绿或绿色，具棱，棱脊上有圆叶痕；其顶部花梗可残存很长时间，容易与布纹球杂交。

智多星训练营

布纹球性喜温暖和阳光充足的环境，过度潮湿和阴暗会造成其茎下部生褐斑。由于布纹球形体及色泽怪异，因而很受植物爱好者欢迎，为优美的室内盆栽植物。

自然档案馆

纲：双子叶植物纲

亚纲：蔷薇亚纲

科：大戟科

会流血的龙血树

龙血树的茎干，能分泌出鲜红色的树脂，人们称之为“龙血”。龙血树的美名便由此而得。

一般树木，在受损伤之后，流出的树液是无色透明的。有些树木如橡胶树、牛奶树等可以流出白色的液体，但你恐怕不知道，龙血树竟能流出“血”来。龙血树受伤后会流出一种血色的液体。这种液体是一种树脂，呈暗红色，是一种名贵的中药，名为“血竭”，可以治疗筋骨疼痛。古代人还用龙血树的树脂做保存尸体的原料，因为这种树脂是一种很好的防腐剂。此外，“龙血”还是做油漆的原料。

自然档案馆

纲：单子叶植物纲

目：百合目

科：百合科

传说中的“不才树”

龙血树材质疏松，树身中空，枝干上都是窟窿，不能做栋梁；烧火时只冒烟不起火，又不能当柴火，真是一无用处，所以又被叫作“不才树”。

智多星训练营

龙血树，株形极为健美，叶片色彩斑斓，鲜艳美丽。有些品种的龙血树叶片密生黄色斑点，被人们称为星点木，有的品种叶片上有黄色的纵向条纹，能分泌出一种比较淡的香味，人们称它为香龙血树，有的品种叶片上嵌有白色、乳白色、米黄色的条纹，人们称之为三色龙血树。

能预知天气的树——气象树

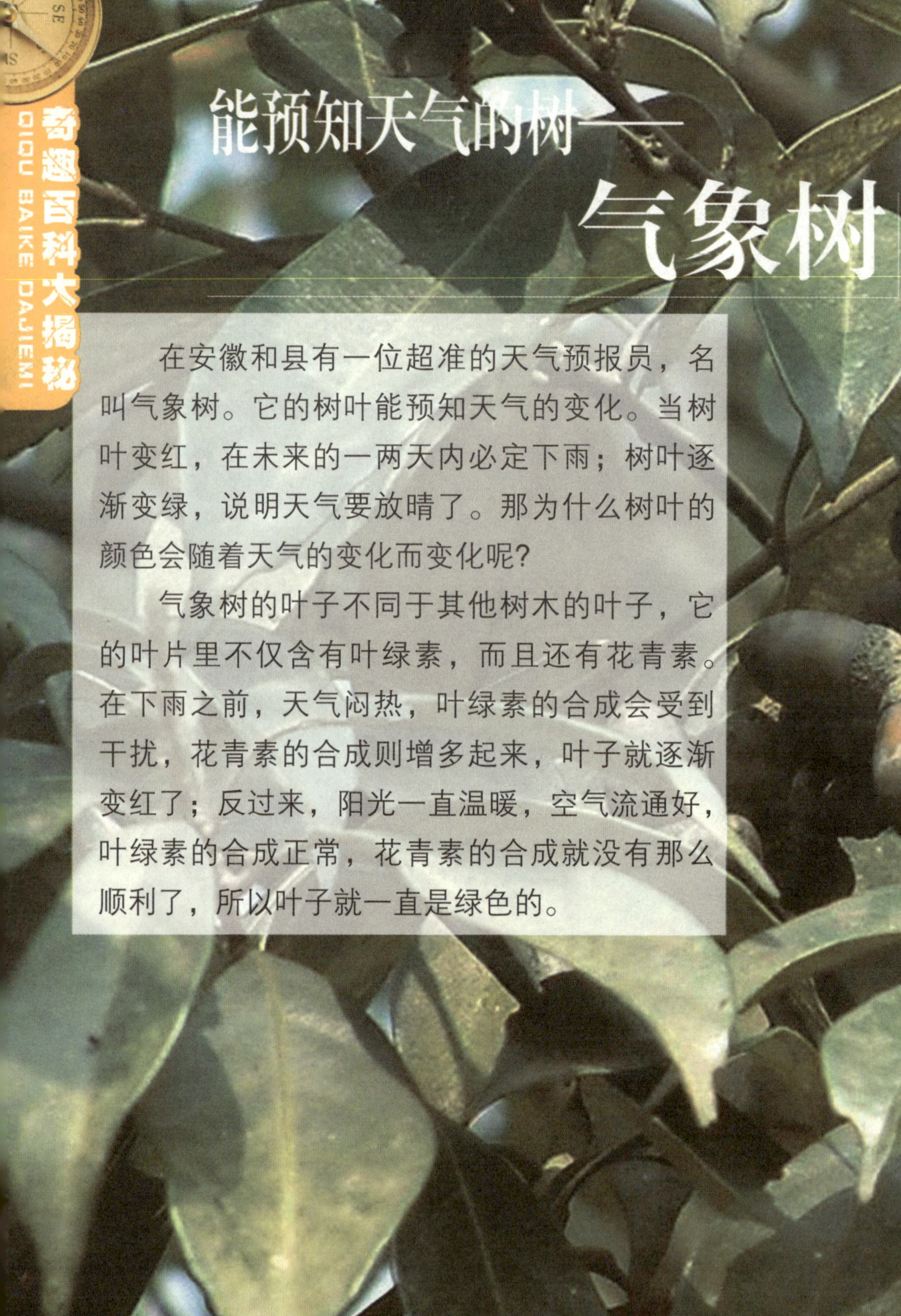

在安徽和县有一位超准的天气预报员，名叫气象树。它的树叶能预知天气的变化。当树叶变红，在未来的一两天内必定下雨；树叶逐渐变绿，说明天气要放晴了。那为什么树叶的颜色会随着天气的变化而变化呢?

气象树的叶子不同于其他树木的叶子，它的叶片里不仅含有叶绿素，而且还有花青素。在下雨之前，天气闷热，叶绿素的合成会受到干扰，花青素的合成则增多起来，叶子就逐渐变红了；反过来，阳光一直温暖，空气流通好，叶绿素的合成正常，花青素的合成就没有那么顺利了，所以叶子就一直是绿色的。

智多星训练营

气象树性喜光，多生于微碱性或中性的石灰岩土壤中，在酸性土壤上也生长良好。气象树耐干燥，可生长于多石砾的山地。其萌芽力强，可采用萌芽更新。

自然档案馆

纲：双子叶植物纲

目：壳斗目

科：壳斗科

洋葱的成长秘密

人们常说：水是生命之源。离开水就很难有生命的存在。但洋葱被太阳晒干后，种在地里还能长苗，这令人非常惊奇。为什么晒干的洋葱种在地里还会长苗呢?

实际上，洋葱并不是种子，而是植物体的地下的变态茎，可以直接用于繁殖，通常可进行晒干保存。生物体内的水分有两种状态，一部分水能够自由流动，叫自由水；另一部分水跟其他物质结合，较难流动，叫结合水。洋葱保存时被晒干，只是使它失去了能够自由流动的那部分水，而洋葱中跟其他物质结合的那部分水是很难晒干的，所以洋葱在晒干后种在地里还能长苗。

洋葱的起源

洋葱原产中亚西亚，在我国分布很广，南北各地均有栽培，而且种植面积还在不断扩大，是我国目前的主栽蔬菜之一。我国已成为洋葱生产量较大的4个国家(中国、印度、美国、日本)之一，其种植区域主要是山东、甘肃、内蒙古、新疆等地。

自然档案馆

纲：单子叶植物纲

目：百合目

科：百合科

智多星训练营

中国人常惧怕洋葱特有的辛辣香气，而在国外它却被誉为“菜中皇后”。洋葱的品质要求：以葱头肥大，外皮光泽，不烂，无机械伤和泥土为优；经贮藏后，洋葱不松软，不抽薹，鳞片紧密，含水量少，辛辣和甜味浓的为佳。

洋葱供食用的部位为地下的肥大鳞茎（即葱头）。根据皮色的不同呈现，洋葱可分为白皮、黄皮和红皮三种。

生生不息的韭菜

韭菜有一个特别的优点：叶子生长得非常快。当把它的叶子割去以后，新的叶子会很快地长起来。

韭菜是一种多年生的草本植物，它在地下长有不太明显的鳞茎。鳞茎里储藏了许多营养物质，就是依靠这些营养物质，韭菜被割掉后才能很快地再次生长。韭菜的最大特点就是一年可以收割好几次，供应的时间很长，所以人们一年四季都可以吃到韭菜。

韭菜的美名

在中医里，有人把韭菜称为“洗肠草”。不但如此，韭菜还有很多名字，如草钟乳、长生草等。韭菜入药的历史可以追溯到春秋战国时期。

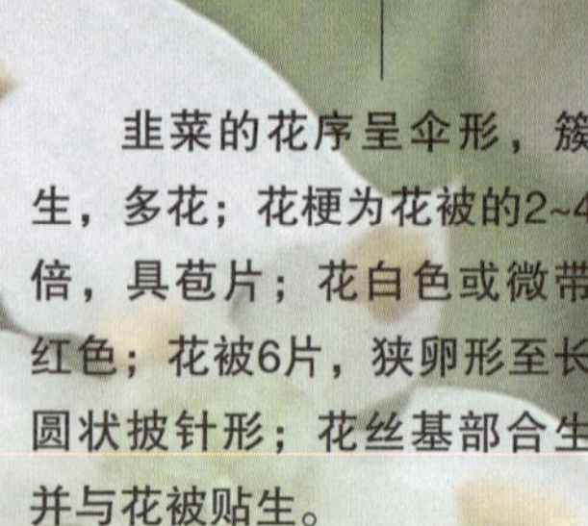

韭菜的花序呈伞形，簇生，多花；花梗为花被的2~4倍，具苞片；花白色或微带红色；花被6片，狭卵形至长圆状披针形；花丝基部合生并与花被贴生。

自然档案馆

纲：单子叶植物纲

目：天门冬目

科：百合科

智多星训练营

韭菜在北方多半是春天或夏天播种，春播在4~5月下种，到7~8月就可以定植；夏播在7月下种，要到第二年4月定植。南方多半是秋播（10月下种），第二年秋天定植。定植后经过半年，就可以收割。

能游泳的藻类植物

绝大多数人都会认为植物是不会动的。但事实上，在神奇的自然界中却有会游泳的植物，只是人们平时无法看到它们而已。

当人们在池塘中撒网时，网上的水滴中就含有一些水生植物。把这些水带到实验室，在显微镜下仔细观察便会发现其中竟然有很多会游泳的生物。这些在水中跑来跑去的生物是不是植物呢?答案是明显的，因为它们的身体中均含有叶绿素。它们便是藻类植物。藻类植物靠身体表面的鞭毛在水中摆动前进，这才是真正会游泳的植物。

藻类植物共约2 100属，27 000种。根据所含色素、细胞构造、生殖方法和生殖器官构造的不同，分为绿藻门、裸藻门、轮藻门、金藻门、黄藻门、硅藻门、甲藻门、蓝藻门、褐藻门和红藻门。

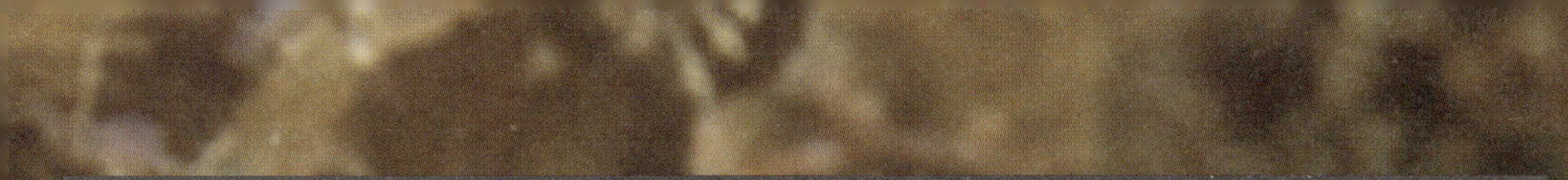

智多星训练营

这些会游泳的藻类多分布在水域的上层，它们的个体极小，繁殖极快。淡水藻类主要是蓝藻、绿藻等；而海水藻类主要是甲藻。这些会游泳的水生植物是鱼类的食料之一，因此，在水产养殖上有一定的经济意义。但蓝藻泛滥也是近几年常见的水患。

藻类分布的范围极广，对环境条件要求不高，适应性较强。它不仅能生长在江河、溪流、湖泊和海洋中，也能生长在短暂积水或潮湿的地方。从热带到两极，从积雪的高山到温热的泉水，从潮湿的地面到疏松的土壤，几乎都有藻类的“踪影”。

啤酒的灵魂——啤酒花

啤酒花又称“忽布”，是一种多年生缠绕草本植物，古人取其为药材。1079年，德国人率先在酿制啤酒时添加了啤酒花，从而使啤酒具有了清爽的苦味和芬芳的香味。从此，啤酒花便被誉为“啤酒的灵魂”，成为酿造啤酒不可缺少的原料之一。啤酒花不仅使啤酒具有独特的苦味和香气，而且还有防腐和澄清麦芽汁的能力。

自然档案馆

纲：双子叶植物纲

目：荨麻目

科：桑科

智多星训练营

成熟的新鲜啤酒花经干燥压榨，以整个啤酒花使用，或粉碎压制颗粒后密封包装，也可制成啤酒花浸膏，然后在低温仓库中保存。其有效成分为啤酒花树脂和啤酒花油。

啤酒花的叶为单叶对生，纸质，卵圆形，不裂或3~5裂，叶缘具有粗锯齿，叶面密生小刺毛。

啤酒花的茎高2~5米，茎枝、叶柄密生细毛，并有倒锯齿，上面密生小刺毛，下面长有黄色小点。

啤酒花的果穗呈球果状，长3~4厘米，宿存苞片增大，有黄色腺体，气芳香。瘦果，扁圆形，褐色。

啤酒花的花序表面为棕色或棕红色，内表面叶脉明显向上突起，基部包裹一枚果实，类球形，表面具纵棱，顶端具短尖。

智多星训练营

中国人工栽培啤酒花的历史已有半个世纪，始于东北，目前在新疆、甘肃、内蒙古、黑龙江、辽宁等地都建立了较大的啤酒花原料基地。

啤酒花有抗菌、镇静等作用，入药可以治疗消化不良、肺结核、消化性溃疡、小便不利病症。

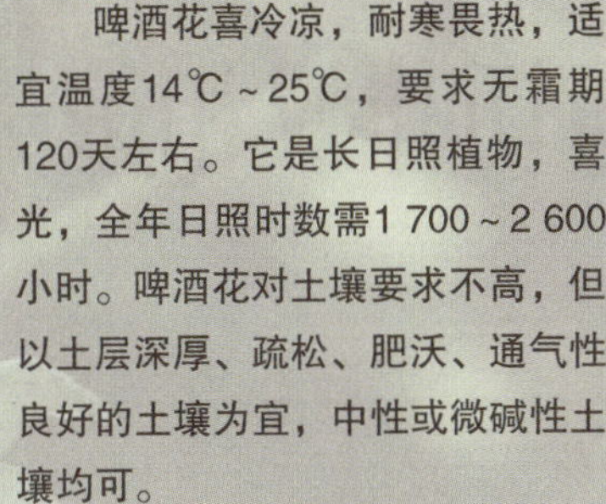

啤酒花喜冷凉，耐寒畏热，适宜温度14℃～25℃，要求无霜期120天左右。它是长日照植物，喜光，全年日照时数需1 700～2 600小时。啤酒花对土壤要求不高，但以土层深厚、疏松、肥沃、通气性良好的土壤为宜，中性或微碱性土壤均可。

啤酒花的作用

在啤酒酿造过程中，啤酒花具有不可替代的作用：它可以使啤酒具有防腐功能，可以形成优良的啤酒泡沫，有利于麦芽汁的澄清；啤酒花强烈的酒花味道能够平衡麦芽汁的自然甜度并激发人的食欲。

与切叶蚁相依为命的号角树

在美洲大陆上，生活着一种与蚂蚁相依为命的树木，这种树就是号角树，又叫蚁栖树。它的树干是中空的，很难抵挡周围攀缘植物的“欺负”。为了生存，它与切叶蚁达成了“协议”。号角树为切叶蚁提供生活场所和美味的汁液，切叶蚁帮助号角树赶走攀缘植物。就这样，它们互相帮助，一起快乐地生活着。

成群的切叶蚁生活在号角树的身上，它们用自己的“刀”切掉前来寄宿的攀缘植物，保护自己的“家园”不被破坏。

智多星训练营

号角树的支持根细长且生长快速，会随着树形的改变而生长。若是树形偏向某个方向，此方向的支持根数量便会增多，以免主干因重心不稳而倒伏。号角树的树干及枝条中空，经常有毒蚁居住，砍下来的枝条可以制成吹奏的乐器。

号角树的外部形态

号角树有盾形的掌状裂叶，成熟的叶片直径达30厘米以上，有9~11裂，叶柄长约20~30厘米，叶表粗糙、叶背色泽偏淡白色，并有茸毛，叶片外形像早期留声机的筒状喇叭。在阳光的照射下，号角树的叶和叶脉仿佛透空一般，特别亮丽而具美感。号角树雌雄异株，花序为腋生。号角树植株的生长迅速，气生根非常奇特而且发达。

自然档案馆

纲：双子叶植物纲

目：荨麻目

科：桑科

第三章

揭开植物的小秘密

植物“害虫”——菟丝子

菟丝子最初是由种子萌发而来的，初春至夏末，当温度和湿度适宜时，种子就会萌发。菟丝子找到可缠绕的植物就向四面八方生出侧枝，每伸长一段就会缠绕几圈，时间久了，枝干上就会出现一道道缢痕。菟丝子在这缢痕处生出一种小小的吸盘，吸盘的下端会扎进树干中，从树干中吸取它需要的养分。

有许多植物因为菟丝子的纠缠，无法让自己的枝条伸展，从地里吸取的养分在缢痕处也被菟丝子抢去，无法输送到全身，结果只有死路一条。

自然档案馆

纲：双子叶植物纲

目：茄目

科：菟丝子科

菟丝子的危害对象

菟丝子寄生危害的植物除龙眼外，也可寄生在荔枝、柑橘、沙田柚、蝴蝶果、茶、油茶、油桐、台湾相思、苦楝、黄檀、杨柳等多种果树和林木上。

智多星训练营

夏秋季是菟丝子的生长高峰期，开花结果于11月份。菟丝子的繁殖方法有种子繁殖和藤茎繁殖两种，第一种传播方式主要是靠鸟类传播种子，或成熟种子脱落于土壤，再经人为耕作进一步扩散；另一种传播方式是借寄主树冠之间的接触，由藤茎缠绕蔓延到邻近的寄主上，或人为将藤茎扯断后有意无意抛落在寄主的树冠上。

菟丝子的茎为丝线状，橙黄色，含有叶绿素，其叶退化成鳞片。菟丝子花簇生，外有膜质苞片；花萼杯状，花冠白色，顶端5裂，裂片常向外反曲；花丝短，与花冠裂片互生。其蒴果近球形，成熟时被花冠全部包围。

散发尸体味的泰坦魔芋

在苏门答腊的雨林中，除了大花草奇臭无比外，还有一种花也散发出难闻的气味，它就是泰坦魔芋。由于它有腐烂尸体的气味，故被称做“世界上最臭的花”。泰坦魔芋的臭味正是其“传宗接代”的法宝，这种臭味能吸引昆虫到自己身上产卵，等到幼虫发育成熟，就可以帮自己传播花粉了。

智多星训练营

中国早在2 000多年前就开始栽培魔芋了，食用历史也相当悠久，相传很久以前，四川峨眉山的道士，用魔芋块茎淀粉生产的雪魔芋豆腐，色棕黄，其形酷似多孔海绵，味道鲜美，饶有风味，为峨眉山一珍品。

自然档案馆

纲：单子叶植物纲

目：泽泻目

科：天南星科

魔芋食品

魔芋食品不仅味道鲜美，口感好，而且有减肥健身、治病抗癌等功效，所以近年来风靡全球，并被人们誉为“魔力食品”“神奇食品”“健康食品”等。但是人们平时所食用的魔芋和泰坦魔芋不同。

泰坦魔芋花朵的直径长1.5米，高近3米，外表非常艳丽。

毒树——箭毒木

19世纪中叶，英国殖民者入侵马来群岛，遭到了当地居民的反抗。战争中，当地土著人用箭头蘸过毒的弓箭奋起反击英军的侵略，使英军伤亡惨重。土著人箭上蘸的是什么厉害的毒药呢？原来是世界上最毒的树——箭毒木的汁液。

箭毒木也叫见血封喉，它是桑科植物的成员，是一种剧毒植物和药用植物。当箭毒木的毒汁由伤口进入人体时，马上就会使人因肌肉松弛，血液凝固，心脏停跳而死。

箭毒木的用途

箭毒木的木质用途极广：它的树皮特别厚，富含细长柔韧的纤维，云南省西双版纳的少数民族常巧妙地利用它制作褥垫，制作出来的褥垫既舒适又耐用，而且具有很好的弹性，即使睡上几十年都不会坏。毒箭木的木材还可被制作为衣服或筒裙，既轻柔又保暖，深受当地居民的喜爱。

智多星训练营

箭毒木为高大的常绿乔木，是国家三级保护植物，树高可达30多米。它的茎干基部具有从树干各侧向四周生长的高大板根。箭毒木在春夏之际开花，秋季结出一个个小梨子一样的红色果实，成熟时变为紫黑色。这种果实味道极苦，含毒素，不能食用。

箭毒木多分布于赤道热带地区，国内则散见于广东、广西、海南、云南等地。生长在丘陵或平地树林中，在村庄附近尤其常见。

过去，箭毒木的汁液常被用于战争和狩猎。人们把这种毒汁涂在箭头上，野兽一旦被射中，立即就会死亡。

箭毒木的毒液具有加速心律，增加心血输出量的作用。

箭毒木的叶互生，长椭圆形，基部圆或心形；叶背和小枝常有毛，边缘有时有锯齿状裂片；其果肉质，梨形，紫黑色。

自然档案馆

纲：双子叶植物纲

目：荨麻目

科：桑科

有恶臭的花——大花草

在印度尼西亚苏门答腊的热带森林里，生长着一种十分奇特的植物，它的名字叫大花草，号称世界第一大花。这种寄生性植物有着植物世界最大的花朵，它一生中只开一朵花，花朵能够长到直径1米，最大的直径可达1.4米，相当于我们吃饭时用的圆桌那么大。它的5片花瓣又大又厚，外面带有浅红色的斑点，每片花瓣长30～40厘米，一朵花重6～7千克，呈面盆形状的花心里，可以盛5～6升水。

大花草属于寄生植物，寄生在像葡萄一类的蔓藤植物的根茎上。大花草也是世界上公认的最臭的植物，它的臭味很像腐烂的尸体散发的味道。

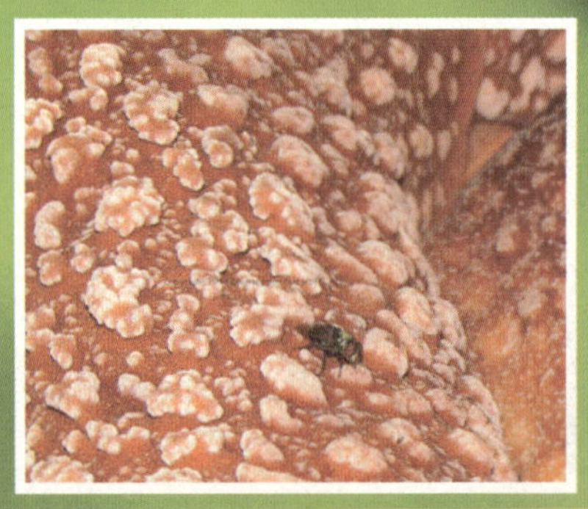

自然档案馆

纲：双子叶植物纲

目：大花草目

科：大花草科

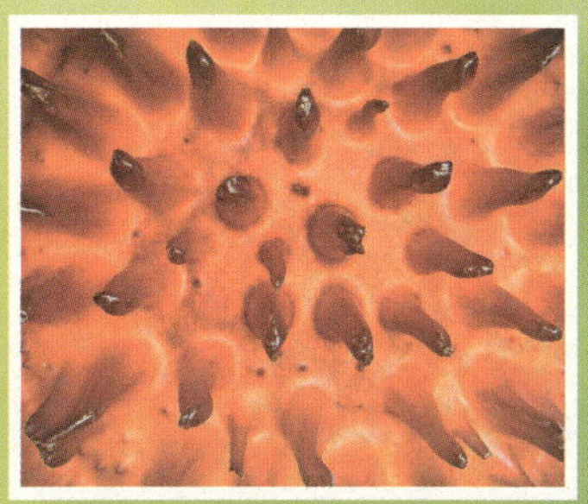

大花草的生长

大花草生长在海拔500~700米的热带雨林中，由于那里没有四季之分，所以它不一定会在什么时候冒出来。不过根据当地人的说法，每年的5~10月，是它最主要的生长季。当它刚冒出地面时，只有乒乓球那么大，经过几个月的缓慢生长，花蕾变成了甘蓝菜般的大小，接着5片肉质的花瓣缓缓张开。

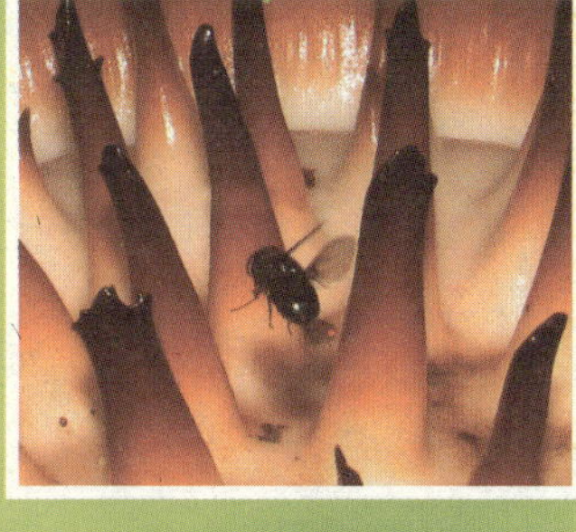

大花草会散发具有刺激性腐臭的气味，蜜蜂、蝴蝶都不愿理睬它，而有一些追逐臭味的昆虫却跑来为它传粉。

大花草是雌雄异株植物。雌株的花房有不规则的腔隙，雄花的花药多室，顶孔开裂。

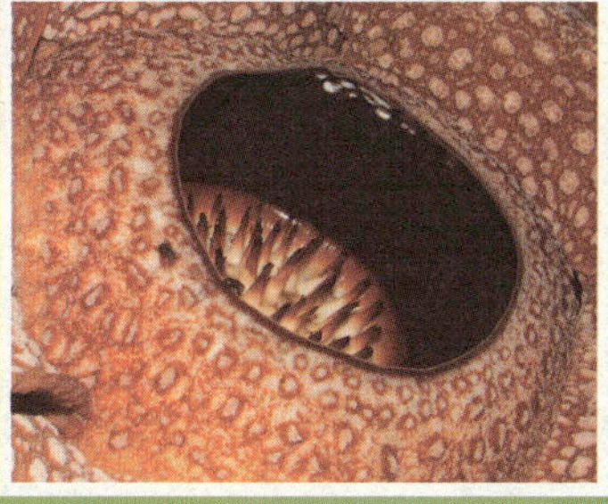

灿烂的花结出腐烂的果实

大花草的花期有四天，花期过后，大花草逐渐凋谢，颜色慢慢变黑，最后会变成一堆黏糊糊的黑东西。受过粉的雌花，会在以后的七个月中渐渐形成一个腐烂的果实。灿烂的花结出了腐烂的果实，可以说是植物界的一个奇观。

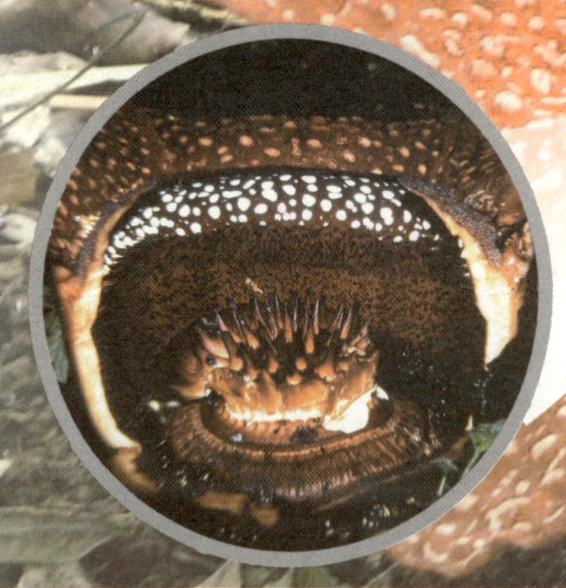

智多星训练营

大花草没有叶子，也没有茎，整个花就是它身体的全部了。大花草的种子很小，用肉眼几乎难以看清。它的种子在传播时“懒懒的”，自己一点儿都不积极，它的小种子具有黏性，当大象或其他动物踩上它时，种子就会被带到别的地方生根、发芽，进行繁殖。

植物杀手—豚草

豚草是一种野生恶性杂草，原产于北美洲，是世界上公认的有害植物之一，素有“植物杀手”之称。

首先，豚草会危害农作物。由于豚草生长速度极快，植株高大，可导致它周围的农作物绝产。其次，豚草的花粉随风飘散，会污染环境，还可使抵抗力弱的人发生过敏性疾病，如过敏性哮喘、鼻炎等，发病时患者会感到胸闷、气喘，部分患者会出现肺气肿，危及生命。

自然档案馆

纲：双子叶植物纲

目：桔梗目

科：菊科

花粉之害

豚草花粉是引发过敏性鼻炎和支气管哮喘等病症的主要病源。有人估计，每株豚草可生产上亿花粉颗粒，花粉颗粒可随空气飘到很远的地方。加拿大、美国每年有数以百万计的人饱受豚草花粉之苦。俄罗斯的一些豚草产地的发病人数占当地居民的1/7。

智多星训练营

豚草类植物在全世界有40余种，我国有两种，东北地区多为三裂叶豚草，长江流域一带多为一般豚草。豚草是一年生草本植物，三裂叶豚草叶对生，掌状3～5裂；一般豚草叶互生，叶呈羽状分裂。从幼苗到开花，豚草植株高度能达到1米左右。

豚草的生活环境

豚草的适应性极广，能适应各种不同肥力、酸碱度土壤，以及不同的温度、光照等自然条件。不论是在肥土瘦地还是酸度重的死黄土、垃圾坑、污泥中，或是碱性大的石灰土、石灰渣、石砾、墙缝里及无光照的树荫下，豚草均能正常生长、繁衍后代。

发芽的土豆是毒药

土豆发芽后，芽孔周围就会产生大量的有毒龙葵素，这是一种神经毒素，可抑制呼吸中枢活动。如果一次吃进200毫克龙葵素（相当于吃50克已变青、发芽的土豆），经过15~180分钟就可发病。最开始出现的症状是口腔及咽喉部瘙痒，上腹部疼痛，并有恶心、呕吐、腹泻等症状。症状较轻者，经过1～2小时会通过自身的解毒功能而自愈。如果吃进的龙葵素非常多，则症状会十分严重，会有体温升高、反复呕吐、瞳孔放大、怕光、耳鸣等症状，极少数人可因呼吸困难而死亡。

土豆的历史

土豆的学名是马铃薯。野生土豆原产于南美洲安第斯山一带。16世纪，西班牙的殖民者将其带到欧洲。1586年，英国人在加勒比海击败西班牙人，从南美搜集了烟草等植物的种子，也把土豆带到英国。1719年，土豆由爱尔兰移民带到美国，开始在美国种植。17世纪时，土豆已经传播到中国。

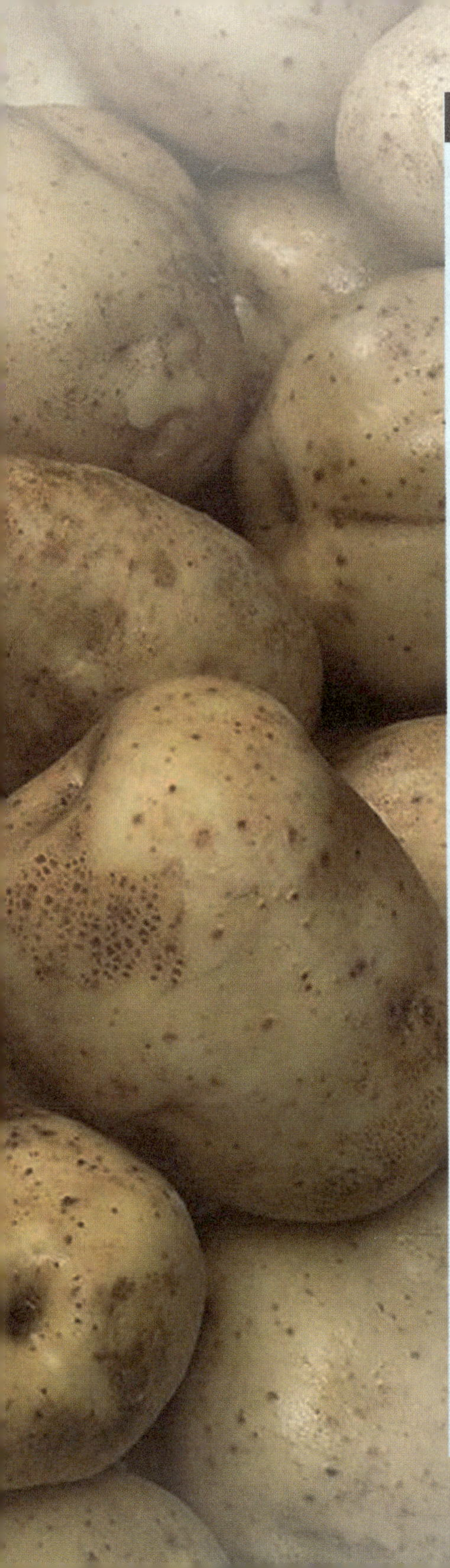

智多星训练营

根据土豆的来源、性味和形态，人们给土豆取了许多有趣的名字。例如：我国山东鲁南地区叫地蛋，云南、贵州一带称芋或洋山芋，广西叫番鬼慈薯（其实广西大部还是叫马铃薯，有些地方把白皮的叫马铃薯、红皮的叫冬芋），山西叫山药蛋，安徽部分地区叫地瓜，东北各省多称土豆。河北地区叫山药蛋、山药。意大利人叫地豆，法国人叫地苹果，德国人叫地梨，美国人叫爱尔兰豆薯，俄罗斯人叫荷兰薯。鉴于名字的混乱，植物学家才给它取了一个世界通用的学名——马铃薯。

我国产的土豆个大、质优、色白、形圆，薯皮光滑，口感醇香，干物质含量高，耐运耐藏，是各种马铃薯淀粉及其制品生产的上好原料和鲜食外销的优质产品。

自然档案馆

纲：双子叶植物纲

目：茄目

科：茄科

毒品王国——罂粟

鸦片是危害全世界人民的主要毒品，很多人因为误食鸦片而丧命。鸦片和罂粟之间有什么关系呢？

罂粟是罂粟属植物，是制取鸦片的主要原料。罂粟是名副其实的毒品王国，人们很容易就可以从罂粟身上得到鸦片。只需用刀片在成熟的罂粟果上划几下，就会流出乳白色的汁液，随后，汁液会逐渐变黑发硬，四五个小时之后就形成了半凝固状态的烟膏，这就是生鸦片。生鸦片经过加工后会成为吗啡，再经过复杂的工序就会使之变成危害人类健康的海洛因。

罂粟也有好的一面，它可以应用于医学领域，从罂粟中可以提取多种镇静剂，如吗啡、蒂巴因、可待因、罂粟碱、那可丁等，有减轻病人疼痛感的功效。

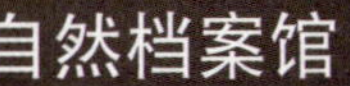

自然档案馆

纲：双子叶植物纲

目：罂粟目

科：罂粟科

智多星训练营

罂粟的生命力极其顽强，是世界上最不需要人操心的植物。每年11月播种后就可以任其自由地生长，无须施肥、浇灌、锄草。等到了第二年的2月，割取胶汁后，罂粟的果实和枝干就会很快干枯、腐烂，变成肥料。所以，罂粟不仅容易种植，还会使土壤越来越肥沃。

竹子的花朵

夏季，人们总能看到绚丽多姿的花儿争奇斗艳，却很少见到竹子开花。而一旦竹子开了花，也就意味着它的生命走到了尽头。

竹子一般要活十几年或几十年才开花、结子儿。但是，如果遇到特殊的恶劣环境，如干旱异常、严重的病虫害或营养不足等情况，竹子便会提前开花。竹子开花时，竹叶制造的所有养分全部被用来开花、结子儿。竹子倾其所有，把所有的养分都浓缩到了花和种子中。开花结子之后，竹子中贮藏的养分也就耗光了，此时它已经完成了自己光荣的使命。不久，竹子就会枯萎凋零，然后慢慢地死去。所以，竹子开花就预示着它正在走向死亡。

竹叶呈狭披针形，先端渐尖，基部钝形，叶柄长约5毫米，边缘的一侧较平滑，另一侧具小锯齿且粗糙；叶面呈深绿色，无毛，背面色较淡，基部具微毛。

20世纪80年代以来，一些热带、亚热带国家都十分重视发展竹业生产。其中，经营历史较久、经营管理水平较高的要算中国和日本。

竹文化

中国是竹子的故乡。不仅竹类竹质资源丰富，而且养竹用竹历史悠久。早在7000年前，我们的祖先就已用竹子制作箭头、弓弩等武器，用于娱乐、捕猎和战争了。竹子与中国人的文化生活结下了不解之缘，在中国人的日常生活中，到处都伴有竹子的身影。

智多星训练营

竹子分布于热带、亚热带至暖温带地区，东亚、东南亚和印度洋及太平洋岛屿上分布最集中，种类也最多。竹子的枝干挺拔，修长，四季青翠，凌霜傲雪，备受中国人民喜爱，名列“梅兰竹菊”四君子之一、“松竹梅”岁寒三友之一。古今文人墨客，嗜竹咏竹者众多。

自然档案馆

纲：单子叶植物纲

目：禾本目

科：禾本科

吃香蕉的最佳时间

香蕉吃起来香甜可口。但是如果你来到果园，亲手从树上摘下一根香蕉来吃，一种强烈的酸涩感会使你难以忍受，那种酸涩的口感来自单宁。

单宁分为可溶性和不溶性两种。可溶性的单宁果实涩，不溶性的单宁果实不涩。一般果实在成熟后，单宁都可以由可溶性转化为不溶性。而且通过人工处理的方式也可以促使果实内的可溶性单宁转化为不溶性单宁，这一处理过程就叫作脱涩。没经过脱涩，或者脱涩处理的时间掌握不好，所吃的果实就会涩味很重，所以说香蕉在树上成熟后并不能马上食用。

自然档案馆

纲：单子叶植物纲

目：姜目

科：芭蕉科

智多星训练营

食用香蕉的记载很早就见于希腊文、拉丁文和阿拉伯文的著作中。亚历山大大帝远征印度时就见过香蕉。哥伦布发现美洲后，香蕉从加那利群岛引入新大陆，先在伊斯帕尼奥拉岛栽培，不久扩展到其他岛屿和大陆。香蕉的栽培面积不断扩大，在许多地区都成为了主食。19世纪，香蕉才出现于美国的市场上。

野生香蕉中有一粒粒很硬的种子，吃起来极为不便。因此，有人把野生香蕉和四倍体的芭蕉杂交产生了三倍体的香蕉。也就是现在的香蕉。这样的香蕉中就没有种子了。其实严格来说，现在的栽培香蕉并不是没有种子。如果你仔细观察，你会发现香蕉里面有一排排褐色的小点，那就是已经退化的种子。

莲的种子不怕水

众所周知，播种种子时不能浇过多的水，否则种子就会因为长期被水浸泡而腐烂。但莲的种子长期浸在水里却不会腐烂，这究竟是什么原因呢?原来莲的种子外面包有一层致密而坚硬的种皮，它就像一层隔绝层，将种子与外界的水完全分隔。外面的水难以浸入到种子里，所以，种子长时间地浸泡在水里也不会腐烂。

莲的栽培环境

莲喜欢相对稳定的静水，忌涨落悬殊和风浪较大的流水，水深一般不宜超过1.5米。生长季的最适温度为25℃～30℃。要求日照充足，不宜长期在室内栽培。土质以富含有机质的黏壤土为宜。

莲蓬的药效

莲蓬煮茶可预防糖尿病；取出晒干的莲蓬种子可以熬汤，加冰糖喝，味苦性涩湿，为散淤药；莲子、莲蕊都是良好的中药，莲子甘涩性平，有补脾止泻，清心养神益肾的作用，常用来治疗心悸、失眠等症。

莲的病虫害

莲的主要病害有腐烂病、叶斑病等，虫害有蚜虫、金龟子等。

自然档案馆

纲：双子叶植物纲

目：毛茛目

科：睡莲科

莲花单生于花梗顶端、高托于水面之上，有单瓣、复瓣、重瓣等；花色有白、粉、深红、淡紫色等颜色；雄蕊多数，雌蕊离生，埋藏于倒圆锥状海绵质花托内。

智多星训练营

莲是著名的水生观赏植物，又名荷花、芙蓉等。莲原指其果实，俗称莲蓬；后来花、果实都泛称为莲。其地下茎的肥大部分称藕。中国的南北各地广泛种植，武汉、杭州等地的品种尤多。1999年，澳门回归祖国，澳门特别行政区的区徽标志图案便是莲。莲谢后，膨大的花托称莲蓬，上面有10~30个莲室，每个莲室里形成一个坚果。这种坚果俗称莲子。

兰花的生长地

在森林中，人们可以看到在一些高大树木的树干和腐烂的树桩上生长着一些兰花。可是，为什么兰花能生长在树皮上呢?

兰花的种子很小，重量很轻，只要微风吹过便可以将它们吹得很远、很高。因此，很多兰花种子就这样被吹落在树木的树皮上了。兰花的种子内部没有足够的营养物质供给种子萌发，往往需要一些微生物帮助，种子才能萌发。这些微生物以分解枯枝落叶，并从中获取营养物质来维持生存。落在树皮上的兰花种子有时正好碰上适合的微生物种类，它们就可以在树皮上萌发，长成幼苗，并且依靠树皮剥落物的分解物质作为肥料来继续生长。

兰花的花单生，多呈伞状，花冠由三枚萼片与三枚花瓣及蕊柱组成。萼片中间一枚称主瓣，下两枚为副瓣，上两枚花瓣直立，肉质较厚，先端向内卷曲。下面一枚为唇瓣，较大。

自然档案馆

纲：单子叶纲

目：天门冬目

科：兰科

中国兰花

由于大部分兰花原产于中国，因此兰花又称中国兰，名列为中国十大名花之首。中国兰花主要分为春兰、蕙兰、寒兰、墨兰几类，有上千种兰花园艺品种。

兰花在我国的地位

兰花是中国的传统名花，是一种以香著称的花卉。兰花以它特有的叶、花、香独具四清（气清、色清、神清、韵清），具有高洁、清雅的特点。古今名人对它的评价极高，它被喻为花中君子。古代文人常把优美的诗文喻为“兰章”，把真挚的友谊喻为“兰交”，把良友喻为“兰客”。

兰花的生活习性

兰花喜欢阴湿的环境，忌阳光直射，忌干燥，喜肥沃、富含大量腐殖质、排水良好、微酸性的沙质壤土，适于生活在空气流通的环境。

智多星训练营

在无花季节，人们对名品兰花鉴别的主要依据是看其叶形，包括叶芽、株形等。兰花出芽时的色泽对兰花品种的鉴赏有一定参考作用，芽期需仔细观察。一般而言，新芽为白色、白绿色、绿色，春兰一般为素心品种，蕙兰大多为素心或绿蕙；芽尖有白色米粒状“白峰”，有可能出细花。

剪去棉花的叶枝

棉花整枝对棉花的增产有很大作用。棉花的叶枝（也叫营养枝或雄枝）不直接开花结铃，但是要消耗很多养料，结果会导致果枝推迟开花结铃。而且棉花叶枝生长迅速，会造成过分荫蔽，光照不足，常导致植株徒长，增加蕾铃脱落，因此，要把叶枝摘去。摘叶枝一般在棉株现蕾后，能够辨别果枝和叶枝的时候进行。

智多星训练营

我们通常所见的棉花并不是花。棉花花朵是乳白色的，开花后不久转成深红色，然后凋谢，留下绿色小型的蒴果，称为棉铃。棉铃内有棉籽，棉籽上的茸毛从棉籽表皮长出，塞满棉铃内部。棉铃成熟时裂开，露出柔软的纤维。

棉花的经济效益

棉花是世界上最主要的农作物之一，产量多、生产成本低，使棉制品价格比较低廉。棉纤维能制成多种规格的织物，从轻薄透明的纱到厚实的帆布，并适于制作各类衣服、家具布和工业用布。

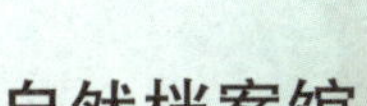

自然档案馆

纲：双子叶植物纲

目：锦葵目

科：锦葵科

美味的甘蔗

甘蔗中含有丰富的糖分，吃起来特别甜，它的下半截尤其甜。这是因为在甘蔗的生长过程中，它吸收的养料除了供自身生长外，多余的部分被贮存起来了，大多被贮存在根部。而且甘蔗茎秆所制造的养料大部分都是糖类，所以甘蔗根部的糖分最浓。除此之外，甘蔗的叶子和梢头部分要积聚充足的水分，以供叶子进行蒸腾作用，根部的水分相对来说就很少，梢头的大量水分冲淡了糖分，所以梢头没有根部甜。

甘蔗的分布

甘蔗主要分布在北纬33° 到南纬30° 之间。甘蔗种植面积最大的国家是巴西，其次是印度，中国位居第三，种植面积较大的国家还有古巴、泰国、墨西哥、澳大利亚、美国等。

自然档案馆

纲：单子叶植物纲

目：禾本目

科：禾本科

智多星训练营

甘蔗是制造蔗糖的原料，可制乙醇作为能源替代品。甘蔗中含有对人体新陈代谢非常有益的各种维生素、脂肪、蛋白质、有机酸、钙、铁等物质，主要用于制糖。

鉴别甘蔗时应掌握“摸、看、闻”的原则：摸就是检验甘蔗的软硬度；看就是看甘蔗的瓤部是否新鲜(新鲜甘蔗瓤部呈乳白色，有清香味)；闻就是鉴别甘蔗有无异味，霉变的甘蔗质地较软，瓤部颜色略深、呈淡褐色，闻之无味或略有酒糟味。

旗形树木的成长历程

有一种树在生长过程中，只有一侧有枝叶生长，另一侧却没有枝叶，这种树被人们称为旗形树。但这样的大树并不多见，旗形树的形成是多种因素促成的。旗形树分布的地方，其他树都比较少，因为有些树在强劲的风的作用下，根本长不起来，早早就死了。当然，终年单向强风吹刮的情况并不普遍，一般地区的风向是多变的。所以，旗形树成了一道奇观。

旗形树是怎样形成的呢？

旗形树生长在山脊或山坳周边，都是一些山峰和山脉，受山峰和山脉的影响，山脊或山坳处有可能面临强劲的单向风吹刮。生长在这里的乔木植株，从幼苗时，就受到这种单向风的吹刮，直到长成大树。这里的树木一侧经常受强风吹刮，刚萌发的侧芽由于低温而生长缓慢，又由于风会带走水分而容易枯死。而背风一侧的侧芽受到的影响比较小，多少能长出一部分侧枝，天长日久，大树就长成了畸形，形成了旗形树。

智多星训练营

旗形树的树干也常常出现畸形，如果把树干切成一个横切面，就可以看到向风的一侧很薄，而背风的一侧很厚。造成这种畸形的原因是向风面的压力大，缺少树叶，营养不足，而背风面的情况则相反。旗形树不仅木材质量较差，而且因枝叶稀疏，光合作用的总面积较小，所以树木的生长也很缓慢。

找到成熟的西瓜

西瓜可谓是夏季最受人们欢迎的水果了。同其他水果一样，西瓜也有一个生长、发育到成熟的过程。西瓜摘下来后，用手指轻弹，听瓜发出来的声音即可判断瓜的生熟：声音沉闷的是熟瓜，声音像敲木鱼般的是生瓜。此外，如果把一个西瓜放到水里，瓜往上浮，那十拿九稳是熟瓜了。这时的西瓜，种子变成黑色，瓜肉组织里充满了水分和大量的糖分。

智多星训练营

西瓜花落后，子房随种子的成熟而渐渐膨大起来，根部吸收的水分和矿物质及叶子进行光合作用制造的糖分，源源不断地向西瓜这个“仓库”运去。经过40~60天时间，瓜才成熟。成熟的西瓜瓜皮上的茸毛消失，溜光透亮，果梗旁边的卷须渐渐枯萎，瓜脐向里凹陷，西瓜与土地接触的那一面已变成黄色，这样的瓜是熟瓜。

美味的西瓜

西瓜清热解暑，对治疗肾炎、糖尿病及膀胱炎等疾病有辅助疗效。西瓜果皮可凉拌、腌渍、制蜜饯、果酱和饲料，其种子含油量达50%，可榨油、炒食或做糕点配料。

自然档案馆

纲：双子叶植物纲

目：葫芦目

科：葫芦科

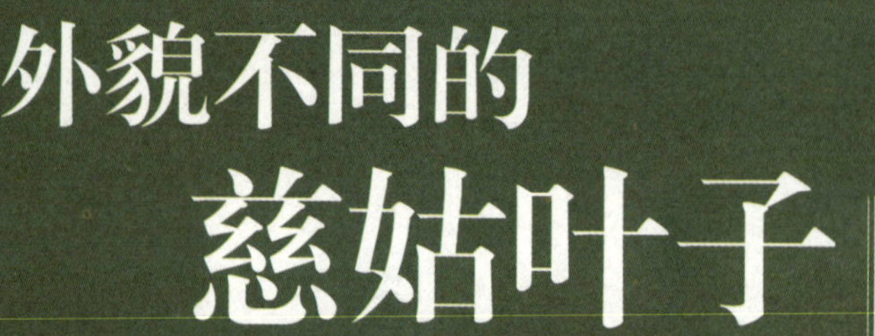

外貌不同的慈姑叶子

慈姑在水田里生长，但它的叶子很特别，慈姑在前期长出的叶子和后期长出的叶子是不同的。慈姑在刚刚长出新叶时，叶子的形状是条形的，看上去很细小；等它再长大一些之后，叶子就慢慢地变成了戟形，高高地举出水面。

慈姑一般生活在水比较浅的地方，刚刚长出的条形新叶往往都淹没在水中，这样形状的叶子在水中可以减少阻力，特别是水流动时，瘦弱单薄的慈姑苗就不容易被冲走。随着植株长大，它的根系也不断地强壮起来，当能够抓住水里的泥土时，它便把叶子挺出水面，同时叶子的形状也就变成了戟形，这样更有利于叶面对阳光的吸收。

智多星训练营

《本草纲目》称慈姑“达肾气、健脾胃、止泻痢、化痰、润皮毛”，是无公害绿色保健食品中的上等珍品。中医认为慈姑性味甘平，生津润肺，补中益气，对劳伤、咳喘等病有独特疗效。慈姑每年处暑开始种植，元旦春节期间收获上市，为冬春补缺蔬菜种类之一，其营养价值较高，主要成分为淀粉、蛋白质和多种维生素，富含铁、钙、锌、磷、硼等多种元素，对人体机能有调节促进作用，具有较好的医疗保健价值。

自然档案馆
纲：单子叶植物纲
亚纲：泽泻亚纲
科：泽泻科

它是树木的保护膜

树皮是树木的保护膜，一旦被大面积地剥掉，就会导致整株树木的死亡，由此也可以看出树皮对于树木的重要性。树皮着生在树茎的外部，它就像盔甲一样保护着树茎。而树根所吸收的水和养分主要靠树皮中的木质部向上运输，树叶在光合作用下形成的供植物生长所需的光合产物，也需要靠树皮中的韧皮部向下运输直到根部，以保障树木正常生长。

智多星训练营

树皮可以分为两部分，即“死”的部分和“活”的部分。“死”的部分手感粗糙、坚硬，也就是我们看到的树干的表皮部分；“活”的部分藏在“死”的部分里边，人们常常把木质茎中形成层外的全部组织统称“树皮”。

从经济价值看，树皮还是一种“宝物”。有人计算过，树皮约占各种树木木质的10%，目前全世界每年约有2.5亿立方米的树皮可被利用，然而已被利用的只占很小一部分。

研究者认为，树皮是制作木砖、化工品、肥料的好材料。利用树皮还可以制成品种繁多、用途广泛的树皮纤维板和树皮刨花板等，是纺织业、造纸业、制绳业的重要原料。

树皮的药用价值

树皮有较高的药用价值。如土槿皮（金钱松树皮）可杀虫、止痒；海桐皮（刺楸树皮）祛风湿、通络、止痛；五加皮（细柱五加树皮）祛风湿、补肝肾、强筋骨；杜仲树皮补肝肾、强筋骨；椿皮（臭椿树皮）清湿热、收涩、止血。

娇艳的热唇草

热唇草之所以有这样一个名字，是因为它有着像性感少女一样的“双唇”，而它的花朵正好长在“双唇”之间。一场丛林疾雨过后，鲜润的“嘴唇”中间往往含着1~2朵黄色的小巧花朵，使它更显妖娆。

自然档案馆

纲：双子叶植物纲

目：茜草目

科：茜草科

实际上，这对“红唇”是热唇草的苞叶，是生于花下的变态叶，一般较小、绿色，但也有大的而呈各种颜色的，因种类不同而存在差异。苞叶对花和果实有保护作用，有些还可以吸引昆虫。热唇草的苞叶就非常典型，其花朵既无颜色，也无蜜糖，只能依靠热唇草两片性感鲜艳的“热唇”来帮它招蜂引蝶，帮它传粉。

智多星训练营

热唇草为双子叶被子植物、茜草科九节属，生长于巴西到墨西哥湾、西印度群岛一带，其中在特立尼达和多巴哥以及哥斯达黎加的热带丛林中颇为常见。

中国调料——花椒

花椒的果皮可作为调味料，也可用于提取芳香油，又可入药，种子可食用，又可用于加工制作肥皂。作为调料，花椒可以除去各种肉类的腥味；作为药物，花椒可以促进唾液分泌，增加食欲，而且可以扩张血管，起到降低血压的作用。

自然档案馆

纲：双子叶植物纲

目：无患子目

科：芸香科

智多星训练营

花椒分布于我国北部至西南地区，在华北、华中、华南地区也均有分布。花椒喜光，适宜在温暖湿润及土层深厚肥沃的沙壤土中栽培。花椒耐寒，耐旱，抗病能力强，隐芽寿命长，耐强修剪，但是不耐涝，短期积水可以导致花椒死亡。

花椒与川菜

今日之川菜百味，更是“麻”字当头，而正宗川味，其椒必取自汉源，汉源花椒主要用于火锅主料、烧菜、炖菜等佳肴的制作。

图书在版编目（CIP）数据

拨开神奇植物的迷雾 / 崔钟雷主编. -- 北京：知识出版社，2014.8

（奇趣百科大揭秘）

ISBN 978-7-5015-8187-0

Ⅰ. ①拨… Ⅱ. ①崔… Ⅲ. ①植物－青少年读物 Ⅳ. ①Q94-49

中国版本图书馆 CIP 数据核字(2014)第 193095 号

奇趣百科大揭秘——拨开神奇植物的迷雾

出 版 人	姜钦云
责任编辑	周玄
装帧设计	稻草人工作室
出版发行	知识出版社
地　　址	北京市西城区阜成门北大街 17 号
邮　　编	100037
电　　话	010-88390659
印　　刷	北京一鑫印务有限责任公司
开　　本	889mm × 1194mm 1/16
印　　张	8
字　　数	60 千字
版　　次	2014 年 9 月第 1 版
印　　次	2020 年 2 月第 3 次印刷
书　　号	ISBN 978-7-5015-8187-0
定　　价	28.00 元

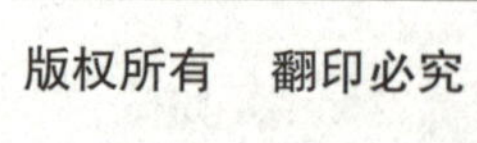